化学打顶对株型的影响（新疆石河子）

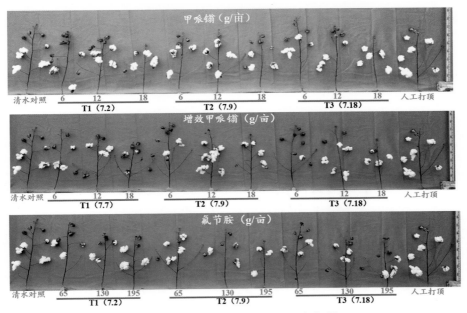

化学打顶对株型的影响（新疆库尔勒）

化学打顶株型对比（河北河间）

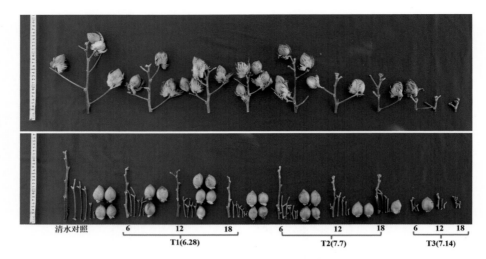

不同打顶处理棉株上部成铃情况

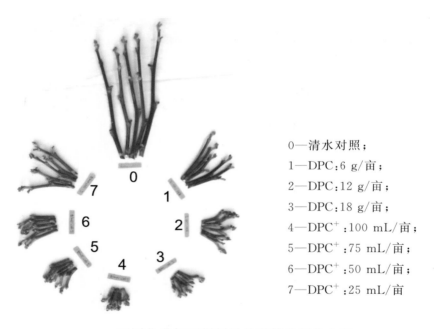

0—清水对照；
1—DPC：6 g/亩；
2—DPC：12 g/亩；
3—DPC：18 g/亩；
4—DPC$^+$：100 mL/亩；
5—DPC$^+$：75 mL/亩；
6—DPC$^+$：50 mL/亩；
7—DPC$^+$：25 mL/亩

不同化学打顶剂剂量处理棉花新生主茎

延缓蕾铃发育

顶部六个节间较长

未打顶

促进蕾铃发育

顶部六个节间缩短

化学打顶

打顶位置

人工打顶

上部果枝较长

不同打顶方式棉株上部果枝对比

化学打顶棉花顶芽生长情况 1

化学打顶棉花顶芽生长情况 2

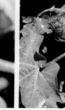

盛铃前期   盛铃后期   吐絮期

化学打顶棉花顶部成铃情况

化学打顶与人工打顶株型

过量使用化学打顶剂的药害

人工打顶（新疆芳草湖总场）

人工打顶（河北河间）

机械喷施化学打顶剂

植保无人机喷施化学打顶剂 1

植保无人机喷施化学打顶剂 2

化学打顶棉田（新疆芳草湖总场）

化学打顶棉田（新疆库尔勒）

棉花机械采收

棉花化学打顶整枝理论与实践

王　林　杜明伟　主编

中国农业大学出版社

·北京·

内 容 简 介

　　本书在阐述化学打顶剂的作用机理和生理效果的基础上,结合作者研究团队多年化学打顶技术研究与生产实践成果,重点介绍了生产上应用的主要化学打顶剂及其应用技术,探讨了化学打顶的配套栽培技术体系,并结合棉花化学打顶整枝实践案例,分析了化学打顶技术应用的注意事项。

　　本书适合从事化学打顶剂生产、管理、使用等相关领域的科技人员阅读,尤其适合广大植棉大户、基层农业技术服务人员、化学打顶剂销售及推广人员阅读,同时也可供农业院校从事棉花栽培领域科学研究的师生参考。

图书在版编目(CIP)数据

　　棉花化学打顶整枝理论与实践/王林,杜明伟主编.--北京:中国农业大学出版社,2022.9

　　ISBN 978-7-5655-2867-5

　　Ⅰ.①棉…　Ⅱ.①王…②杜…　Ⅲ.①棉花—摘心　Ⅳ.①S562

　　中国版本图书馆 CIP 数据核字(2022)第 167113 号

书　　名	棉花化学打顶整枝理论与实践			
作　　者	王　林　杜明伟　主编			
策划编辑	陈颖颖		责任编辑	陈颖颖
封面设计	中通世奥			
出版发行	中国农业大学出版社			
社　　址	北京市海淀区圆明园西路 2 号		邮政编码	100193
电　　话	发行部 010-62733489,1190		读者服务部 010-62732336	
	编辑部 010-62732617,2618		出　版　部 010-62733440	
网　　址	http://www.caupress.cn		E-mail cbsszs@cau.edu.cn	
经　　销	新华书店			
印　　刷	涿州市星河印刷有限公司			
版　　次	2022 年 10 月第 1 版　2022 年 10 月第 1 次印刷			
规　　格	170 mm×240 mm　16 开本　12 印张　190 千字　彩插 4			
定　　价	38.00 元			

图书如有质量问题本社发行部负责调换

编 写 人 员

主　编　王　林　杜明伟

副主编　张旺锋　宋　敏　赵　强

编　者　（按姓氏笔画排序）

于可可　马江锋　王　林　王　峰　王文博　王玉坤

王映山　王海标　孔　军　田晓莉　田景山　冯光玺

冯志超　毕显杰　齐海坤　安　楠　孙庆祥　杜明伟

李　勇　李可心　李贤超　李秋霞　吴永刚　余　璐

宋　敏　张　特　张　豹　张万旭　张旺锋　张晓民

张新全　张新国　陈爱群　庞光彬　房新宇　孟　璐

赵　强　姚文飞　耿吉嘉　徐　亮　窦宏举　翟振萍

缪晓明

序

　　棉花是我国七大传统农作物之一，联结了农业和纺织工业两个领域，在我国经济发展中发挥着重要作用。棉花产业是劳动密集型产业，近年来，人工成本不断上升、植棉效益不稳定导致棉花种植面积呈下降趋势。尽管膜下滴灌、航空植保、北斗导航等技术提升了植棉机械化水平，但是棉花人工打顶成本高、效率低，株型不符合机采要求，机采籽棉杂质多质量低等问题，极大地限制了我国棉花产业高质量发展。因此，以节本提质增效为目的，创新棉花高质高效轻简栽培技术，推动棉花全程机械化生产，是实现我国棉花生产现代化和产业振兴的关键。

　　打顶是棉花生产作业中的重要环节。我国长期以来采用人工打顶，但人工打顶不仅费时费力效率低，而且打顶的精度很难掌控，漏打、误打的现象较多，进而影响棉花的打顶效果及最终产量。此外，人工打顶还是制约新疆棉花生产全程机械化的瓶颈。进入 21 世纪以来，新疆棉花生产中率先研究和推广应用化学打顶整枝剂，以期通过化学打顶替代人工打顶。化学打顶是通过调节植物生长的相关激素来抑制棉花顶尖组织的生长，从而达到人工打顶的效果。它能有效控制株高，塑造棉花合理株型与群体结构，调控养分向蕾铃转运，促进植株早结铃、多结铃，减少脱落，有利于棉花增产。

　　为顺应新时期生产需求、助力高质量产业发展，新疆生产建设兵团农业技术推广总站协同中国农业大学、石河子大学、新疆农业大学等优势单位，针对目前棉花打顶环节存在的关键问题，围绕提高棉花生产效率、简化棉花生产环节、节省棉花栽培成本、稳定棉花打顶效果、提高棉花生产效益等目标，结合团队十余年的理论与应用研究，整理汇总成《棉花化学打顶整枝理论与实践》著作。该书立足于国内外棉花化学打顶相关技术成果，总结棉花化学打顶的理论研究与应用技术，系统阐述了化学打顶剂的作用机理、主要产品、应用技术、注意事项及典型案例，并凝练出三套化学打顶配套技术规程和标准，为在我国主要植棉区进行化学打顶技术的推广应用提供了有利保障。该书的出版丰富和发展了棉花栽培理论与技术，可为我国棉花优质、高效、轻简生产提供关键技术指导，也为作物学科领域学者、高校师生及管理人员提供有益参考。

2022 年 10 月

前　言

　　棉花是我国重要的经济作物，是关系我国亿万人民的重要农产品和国家战略性物质。我国至今已有两千多年的植棉历史，近年来在棉花生产、纺织、消费和进出口贸易上已居于国际领先地位，棉花总产量稳居世界第二。因此，实现棉花生产的可持续发展具有重要的社会意义与经济价值。

　　我国棉花生产历来以小农户的精耕细作种植模式著称于世，该模式在生产中发挥了重要作用。然而，随着时代的进步，这种生产方式及管理理念已不再适应现代农业生产模式。因此，在当前人工成本不断高攀的严峻形势下，棉花栽培技术应最大限度地摆脱依靠人工的困境，转而要依靠科技为棉花生产提供有力的技术支撑，将现有棉花栽培技术向轻简高效型转变，进一步提高棉花生产的规模化和机械化程度。

　　棉花适时打顶，主要是为了打破顶端优势，抑制主茎生长，集中养分供给果枝，促使营养生长向生殖生长转变，从而早结铃、多结铃、减少脱落，增产增效。但人工打顶需要耗费大量劳动力，劳动强度大、效率低，而且时效性差，总有部分棉田不能在合适的时间内及时打顶，最终影响了产量。尤其在现代高密种植模式下，人工打顶的劣势更为明显，已成为阻碍提升机械化生产水平、降低棉花生产成本的一大"瓶颈"。

　　化学打顶是利用植物生长调节剂延缓并抑制棉花主茎及果枝顶芽的生长，从而替代人工打顶控制棉花的无限生长习性。棉花化学打顶技术

1

改变了棉花打顶方式，相对常规人工物理打顶是一项重大技术革新，是棉花化学控制技术的又一次飞跃，会使化控技术在棉花栽培种植中发挥更大的效用，也将成为提高劳动生产率、实现农业现代化的重要技术。棉花化学打顶的研究从21世纪初就已开始，近些年受到更大关注，研究重点主要集中在打顶时间、剂量以及与水、肥、密度等的配套上，并已开始了大面积的示范推广。现阶段关于化学打顶技术的应用还主要集中在新疆棉区，据不完全统计，截止到2021年，新疆棉区各类化学打顶剂累计推广应用已超过3 000万亩，仅2021年一年应用面积就达800万亩以上。

为了系统总结棉花化学打顶技术与原理，实现棉花轻简高效生产，在国家棉花产业技术体系专项和新疆生产建设兵团科技攻关项目的支持下，结合编者团队十余年的研究，我们编写了《棉花化学打顶整枝理论与实践》一书。本书总结了化学打顶剂的作用机理和生理效果，介绍了生产上应用的主要化学打顶剂及其应用技术，探讨了化学打顶的配套栽培技术体系，并结合棉花化学打顶整枝实践案例，分析化学打顶的应用技术与注意事项。相信本书的出版，对提高科学植棉水平、丰富发展棉花栽培理论、推动棉花产业高质量发展将起到积极的作用。

本书编写过程中得到了棉花领域广大同仁的大力支持，在此表示衷心的感谢！尽管全体编者为本书编写付出了极大的努力和艰辛，但由于水平有限，书中难免出现疏漏之处，敬请读者批评指正。

编　者

2022年10月

目　录

第 1 章

绪　　论

1.1　我国棉花栽培技术的发展方向

　　棉花是我国重要的经济作物,是关系我国亿万人民的重要农产品和国家战略物资,棉花产业关系着全国 1 亿多棉农和 2 000 多万纺织工人的就业问题。中国是世界上最大的棉花生产、消费和纺织大国,生产了世界棉花的 22%,消费了世界棉花的 30.8%,棉纱和棉布的产量居世界首位。作为世界棉纺织业大国,中国市场影响世界,2021 年我国纺织纤维加工总量占世界纤维加工总量的比重在 50%以上,纺织品服装出口额达 3 155 亿美元,占世界的比重超过三分之一,稳居世界第一位。随着人口增长和纺织工业发展,我国棉花消费量日益增加,棉花供需缺口每年达到 200 万 t 以上。新疆作为我国最大产棉区,连续 28 年来,棉花总产、单产、种植面积、商品调拨量均位居全国第一。据国家统计局数据显示,2021 年我国棉花播种总面积 4 542.2 万亩,其中新疆植棉总面积 3 759.2 万亩,占全国棉花播种总面积的 82.8%;2021 年全国棉花皮棉总产量 573.1 万 t,新疆棉花皮棉总产量 512.9 万 t,占全国皮棉总产量的 89.5%;以山东(165.3 万亩)和河北(209.7 万亩)为代表的黄河流域棉区和以湖北(181.1 万亩)为代表的长江流域棉区的植棉面积不断下降,仅占全国棉花播种总面积的 25.0%左右。

我国棉花生产历来以小农户的精耕细作种植模式著称于世,该模式在生产中发挥了重要作用。然而随着时代的进步,这种生产方式及管理理念已不再适应现代农业生产模式,人们从事繁重农业生产的积极性有不断下降趋势,新时代的农业生产者逐渐对传统的精耕细作失去兴趣,而对轻简化、机械化、自动化的需求越来越强烈。2010年至今,我国棉花种植面积不断萎缩,棉花品质持续下降,原棉的国际竞争力远不及美棉和澳棉。虽然新疆棉区近年来通过集成精量播种、覆膜滴灌和系统化控等技术,大大提高了产量,降低了劳动强度,但是在打顶和采摘环节仍需要大量的人工,并未真正实现棉花生产全程机械化。黄河流域棉区和长江流域棉区棉花生产全程机械化特别是机械采收才刚刚起步。

棉花具有无限生长习性,株型可塑性强,在生长发育过程中,只要环境条件适宜,植株就可以不断进行纵向和横向生长,因此生产上一般采用人工打顶的方式控制营养生长,加速营养物质向棉铃的转化。但近些年因其生产工序繁多、用工量大(约210个/hm²)、成本高、常常耽误农时等缺点日益突出,已严重降低了植棉收益,极大地挫伤了农民的植棉积极性,对我国棉花生产的健康可持续绿色发展构成极大的挑战。同时,随着国家经济社会的飞速发展,大量农村劳动力涌入城市,"用工荒""用工贵"等现象时常出现,造成植棉成本不断上涨,植棉效益快速下降,较小麦、玉米、水稻等效益低下,竞争力弱,导致棉花种植已逐渐转向盐碱滩涂地并慢慢被部分农民所抛弃。据中国棉花生产预警监测数据,2005—2020年,棉花每亩种植总成本由993.54元增加到2 316.19元,增加了1 322.65元,年均增长率5.8%。2005—2020年人工成本呈现"四增三减"波动增长的时变特征,从每亩348元增长到866.82元,增长了518.82元,年均增长率6.27%。棉花产业一度受到威胁,加之市场的不稳定,更让棉花安全处于严峻的态势。

因此,在当前人工成本不断高攀的严峻形势下,棉花栽培技术应最大限度地摆脱依靠人工的困境,转而依靠科技为棉花生产提供有力的技术支撑,向轻简高效型转变,进一步提高机械化和规模化程度。总之,要想稳定全国棉花生产,加强国产棉竞争力,实现我国棉花生产安全,必须改善棉花打顶等费时费力的传统栽培方式,走全程机械化道路,加快棉花生产全程机械化关键环节技术研发,将现代的网络化、物联网、地理信息系统等技术运用到棉花生产中,加快引进国外先进技术和设备并实现本土化,用机械化、智能化、化学化替代传统的人工操作,将传统的劳动密集型棉花种植方式转变为现代化轻简高效型生产模式。

1.2 化学控制技术在棉花生产中的应用

作物化学调控（即化控）是基于植物生长调控的一项重要农业技术,该技术通过植物生长调节剂影响植物内源激素系统而调节作物的生长发育过程,使作物生长朝着人们预期的方向和程度发展。其原理是主动调节作物自身的生育进程,使其及时适应环境条件变化、充分利用自然资源,此外,在个体与群体、营养生长与生殖生长的协调方面更为有效。从 19 世纪 30 年代初开始,世界上开始运用生长素诱导插条生根,这是利用植物生长调节物质调控作物生育的开端。19 世纪 70 年代中期以来,世界各国都十分重视化控技术的发展,在研究与应用各方面都取得了巨大进展。目前,世界上已经人工合成几百种植物生长调节剂,应用在农业生产上的就有百余种。国外植物生长调节剂主要用在蔬菜、果树、棉花、烟草、水稻、小麦、玉米和大豆等作物上。从 20 世纪初开始,国际农药市场中杀虫剂、杀菌剂用量呈现下降趋势,而植物生长调节剂则逐年增加。经过人们数十年来的合成、筛选、试验,现阶段主要有赤霉素、乙烯利、甲哌鎓、多效唑、矮壮素等植物生长调节剂应用于大田作物。植物生长调节剂技术的发明与应用是农业生产中继化学施肥后,在植物生理方面做出的又一贡献。在不断完善农作物化学调控的技术体系与理论体系时,该项技术成绩斐然,效益显著。例如,在农业生产上利用植物生长调节剂诱导雄性不育技术,对水稻、小麦、棉花等作物进行良种选育,提高农作物复种指数,提高作物抗逆性,控制株型等。自 1992 年以来,我国大田作物化控技术应用面积为 0.07 亿～0.13 亿 hm^2。

我国在棉花生产上应用植物生长调节剂的历史可以追溯到 20 世纪 50 年代初期,当时利用类生长素化合物等控制蕾铃脱落;20 世纪 60 年代初,开始试用矮壮素控制棉花徒长,并大面积推广;20 世纪 70 年代后期,针对我国南北棉区普遍存在的晚熟问题,研究试用乙烯利促进晚期棉铃提早吐絮,取得了良好的效果;1983年开始,大面积推广甲哌鎓。化学调控已逐渐融入棉花生产的全过程。棉花生产上应用的植物生长调节剂包括三大类:营养型生长调节剂,如叶面宝、"802"、丰产灵等;植物生理延缓(或抑制)生长调节剂,目前应用较多的主要有甲哌鎓及其水剂、助壮素、氟节胺等;脱叶催熟剂,主要有乙烯利、噻苯隆等。其中,棉花生产甲哌鎓化控技术早在 20 世纪 80 年代覆盖面积已达 80% 以上,因此甲哌鎓化控技术被列为新中国成立以来棉花栽培领域三大技术(化学调控、育苗移栽、地膜覆盖)变革之首,现已成为棉花常规的栽培措施。

甲哌鎓作用于棉株叶片和根部,植株吸收后,体内赤霉素活性降低,细胞伸长受抑制,顶芽长势减弱,节间缩短,株高变矮,株型紧凑,叶色加深,叶片变小,呈现出"应用时间决定控制部位,药液浓度影响作用强度"的规律性。在棉花不同生育时期应用甲哌鎓适当调节棉花的生长发育,一般化控 3～5 次。前人研究表明,甲哌鎓主要有以下作用。①促根生长、有利壮苗早发。甲哌鎓诱导幼苗侧根发生,增强根系活力,促进棉花根系的伸长和生长,在一定程度上增强了根系对土壤养分和水分的吸收,增强抗性。②塑造合理株型和群体,控制棉花徒长。甲哌鎓抑制顶芽分化和发育,纵向降低株高,横向缩短果枝长度,使株型紧凑,改善群体通风透光条件,提高光能利用率,从而奠定棉花稳产高产的基础。③减少蕾铃脱落,促进营养生长向生殖生长转化,增加铃重,有利于改善产量和品质。甲哌鎓使叶片变厚,叶色加深,有利于光能利用率的提高,使营养生长更多地向生殖生长转化。④减轻病虫害。适宜化控能提高转基因抗虫棉 Bt 蛋白含量,提高其抗虫性。此外,甲哌鎓还能促进棉花集中开花结铃,有利于伏前桃和伏桃数增加。近年来,有研究发现种子包衣缓释甲哌鎓和制备成缓释甲哌鎓胶囊化控可以替代棉花苗期的常规化控,在包衣剂中添加防治蚜虫的药物还可以兼防蚜虫,取代苗期的常规防蚜工作,从而使棉花栽培技术大为简化,降低了棉田防虫用药成本,同时不影响棉花的产量与品质,应用前景良好。

随着现代科技的进步,棉花生产中各种新型的调节剂不断出现,除了调节植株地上部分外,还延伸到地下部分,多种促进生根的调节剂也被应用于生产。因此,化控技术已贯穿于棉花整个生育时期,如甲哌鎓的应用使棉花的株高和株型得到有效控制,株型更紧凑,个体和群体关系更协调,尤其在新疆棉区"矮、密、早"栽培技术体系下,该技术发挥了决定性作用;脱叶催熟技术的应用,是棉花进行机械采收的前提,为减轻劳动力投入,降低生产成本提供可能,为推动棉花机械收获提供技术支撑。化学化和机械化结合是棉花生产实现全程机械化的必然途径。未来,我国植棉技术必然走规模化、机械化、化学化、信息化和智能化相结合的道路,以推

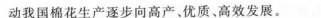

动我国棉花生产逐步向高产、优质、高效发展。

化学打顶技术作为棉花领域近些年的一项新兴技术，正在经历快速发展阶段，并得到了越来越多研究人员的重视，相关技术理论得到了补充和完善。现阶段市场上化学打顶剂的产品众多，一派欣欣向荣的景象，但是在实际应用中我们发现还是存在众多的问题，如封不住、二次生长、控制过度、脱叶不彻底等。为了总结化学打顶技术进展并更好地指导化学打顶剂的使用，以中国农业大学为首的化学打顶及其配套栽培技术研发团队通过研究、积累和解析大量的材料和实例，总结出一套适合新疆棉区的化学打顶技术体系，以更好地服务棉农、造福新疆、助力我国棉花的快速发展。

1.3 化学打顶的相关概念

棉花具有无限生长习性，存在顶端优势现象，即植株茎尖优于侧枝生长，因此在我国棉花栽培过程中，一般会进行棉花的打顶和整枝操作。棉花打顶是棉花生产过程中去除棉花顶端、促进棉株结铃结桃，充分发挥棉花个体和群体优势，实现棉花丰产优质的关键环节。人工打顶不仅可以控制棉花纵向生长，减少无效花蕾的产生，还能促进营养生长和生殖生长的平衡，加速光合产物向棉铃的转化，引导棉花株型的改变方向，调节效应十分明显，是棉花生产过程中的重要管理环节和技术。但人工打顶也是棉花全程机械化中唯一没有实现机械化的环节和技术。另有机械打顶方式，即用棉花打顶机替代人工切除棉花顶尖。在发展之初时，其作业方式受地形影响大，容易对棉花植株造成损伤，经过不断发展，目前主要以仿形棉花打顶机为主，可以节省大量的劳动力。

人工打顶和机械打顶可统称为物理打顶，这是最常用的控制顶端优势的方法，另一种方法就是化学打顶，其作用与剪去顶芽相似。化学打顶技术就是在常规甲哌鎓系统化控技术前提下，在传统人工打顶时期的前后再用一次植物生长调节剂，强力延缓或抑制棉花主茎顶芽的分化速率，抑制棉花顶芽分化相关基因的表达，以控制棉花主茎的伸长生长，缩短棉花上部果枝长度，从而调节营养生长与生殖生长的平衡,起到与人工打顶相似的作用。近10年来,我国已开展了大量的棉花化学打顶技术研究,发现以植物生长延缓剂甲哌鎓(DPC)和植物生长抑制剂氟节胺(FMA)为有效成分的调节剂产品具有相对较好的化学打顶效果。

1.4　应用化学打顶剂的意义

精细整枝是我国传统棉花栽培技术的重要技术内容,打顶是棉花整枝工作的中心环节。传统的人工打顶就是人工掐除棉花主茎顶端生长点,有时还需要人工去除果枝的生长点(即打群尖),十分耗费人力与时间。尤其在现代高密种植模式下,人工打顶的劣势更为明显,已成为阻碍机械化水平进一步提高、降低棉花生产成本的一大"瓶颈"。因此,我国棉花产业升级、提升竞争力的关键途径之一就是实现棉花栽培种植的全程机械化,从而减少人工投入、降低植棉成本和增加植棉收益。近些年通过联合技术攻关,机械化已在棉田耕作、覆膜播种、植保、水肥一体化等环节全面推行并发挥巨大作用,对棉花产业起到极大的推动作用。但是打顶环节依靠人工的困境并未得到有效改善。

现阶段,由于没有有效的打顶机械,化学打顶被一致认为是人工打顶的最有效的替代措施。化学打顶是利用植物生长调节剂延缓并抑制棉花主茎及果枝顶芽的生长,从而替代人工打顶控制棉花的无限生长习性。棉花化学打顶技术改变了棉花打顶方式,从而可实现机械化喷施,这相对常规物理打顶而言是一项重大技术革新,是棉花化控技术中的又一次飞跃,会使化控技术在棉花栽培种植中发挥更大的效用,也将成为提高劳动生产率、实现农业现代化的重要技术。

尤其是随着现代社会经济条件的变化,农业劳动力日渐短缺,实现棉花生产全程机械化成为必然趋势。化学打顶应运而生,其不但可以大幅度提高棉花打顶效率,减轻田间作业强度,降低植棉成本,而且可以通过增密等配套措施有效提高棉花单产。另外,机械喷施化学打顶剂也为植棉全程机械化提供了技术支撑,为棉花规模化种植奠定了坚实的基础,也为其他未实现棉花打顶有效替代的国家和地区提供了重要借鉴。

1.5 化学打顶剂在作物上的应用沿革

作物化学调控是以应用植物生长调节剂为手段,通过改变植物内源激素系统影响植物行为(物质的、能量的、形态的转变)的技术,其原理在于主动调节作物自身的生育过程,不仅使其能及时适应环境条件的变化、充分利用自然资源,而且在个体与群体、营养生长与生殖生长的协调方面更为有效。早在 20 世纪 90 年代开始,就有关于利用植物生长调节剂抑制作物生长的研究,如在烟草上采用二甲戊灵乳油等植物生长调节剂调节植物生长,抑制烟草腋芽旺长,后期陆续有 25% 氟节胺乳油、36% 仲丁灵乳油等植物调节剂在烟草上应用与推广。此外,化学打顶也在四季杜鹃上有应用,合适的时间喷施适宜浓度的植物生长调节剂可以使杜鹃株型紧凑,抑制侧枝和顶心的萌发和生长。棉花化学打顶的研究从 21 世纪初就已开始,近些年研究逐渐火热,研究重点主要集中在打顶时间、剂量以及与水肥密等的配套上,并已开始了大面积的示范推广。

棉花适时打顶,主要是为了打破顶端优势,抑制主茎生长,集中养分供给果枝,促使营养生长向生殖生长转变,从而早结铃、多结铃、减少脱落,增产增效。目前棉花打顶模式仍然以人工打顶为主。人工打顶技术就是依靠双手掐除棉株的顶尖,需要逐株操作,并且要做到打去顶端一叶一心,漏打株率小于 5%,劳动单一、强度大。据专家测算,人工打顶一人一天(8 h)仅可打 $1\,667\ m^2$。虽然人工打顶效果较好,但需要耗费大量劳动力,劳动强度大、效率低,同时延长了打顶时间,使得棉花在合适的时间内不能及时打顶,最终影响了产量。

近些年,随着机械化水平的提高以及棉花种植面积的增加,棉花生产全程机械化也逐步完善,棉花打顶机成为代替人工打顶的重要工具。由新疆石河子大学机械电气学院研制的棉花打顶机实现了扶禾、聚拢、切顶、棉花主侧枝机械同步打顶,基本满足了棉花打顶作业的农艺要求。据田间试验结果分析,一台棉花打顶机一天可打顶 $13.33\sim20\ hm^2$,是人工的 100 倍,效率非常高。此外,机械打顶棉珠中部的成熟率高,可有效确保每株棉花实际成熟的棉桃,缩短打顶时间,争得农时,为棉花多生长果枝、多坐蕾铃创造条件。因此,机械打顶基本符合了棉花打顶的农艺要求。但较人工打顶而言,机械打顶漏切率、花蕾损失率偏高,严重影响产量,所以目前还处于试验阶段,有待进一步提高。

国外关于棉花化学打顶的研究并不多见,报道多以打顶可以防止棉株倒伏、减少顶端蜜露产生以减轻病虫害、减少烂铃等为主。这是由于不仅以美国和澳大利亚为代表的植棉技术发达的国家普遍采取不打顶方式,而且以巴基斯坦和印度为代表的植棉技术不发达的国家也普遍采取不打顶方式。其中,美国等植棉技术发达国家主要依靠其优异的自然资源、系统化学控制和精准水肥调控实现棉花的"自然封顶",通过减少氮肥投入、优化肥料氮磷钾比例并加入多种微量元素等方式控制花期和顶端生长,再辅以精准水分管理,使棉花适时达到生理终止期(白花以上节位5~6)。巴基斯坦和印度等国家因为对棉花单产的要求较低,且气候条件较我国优越,因此打顶在当地也不是一项必要的栽培技术措施。

国内近10年来已开展了大量的棉花化学打顶技术研究,并且取得了较好的效果。以植物生长延缓剂甲哌鎓和植物生长抑制剂氟节胺为有效成分的调节剂产品具有相对较好的化学打顶效果。甲哌鎓对植物营养生长有延缓作用,可通过植株叶片和根部吸收,传导至全株,降低植株体内赤霉素的活性,从而抑制细胞伸长,减弱顶芽长势,控制植株纵横生长,使植株节间缩短、株型紧凑、叶色深绿、叶面积减少,并增强叶绿素的合成,进而防止植株旺长,推迟封行,有效改善棉花空间通风透光条件,使有效的营养转向生殖生长。氟节胺是一种植物抑芽剂,主要控制棉花顶尖幼嫩部分的细胞分列,并抑制细胞伸长,使棉花顶尖自动打顶,顶部叶片小叶化。现阶段关于化学打顶技术的应用还主要集中在新疆棉区,据不完全统计,截至2021年,各类化学打顶剂累计推广应用已超过3 000万亩,仅2021年一年应用面积就达800万亩以上。新疆市场上的化学打顶剂包括自封鼎、向铃转、土优塔、瑞邦、抑顶、控而丰、禾田福可、西域金衫、智控专家等几十种产品;而在黄河流域棉区和长江流域棉区,种植面积少、人工成本较新疆低、机械化程度低等原因导致化学打顶技术应用面积不大,有待进一步试验、示范和推广。

第 2 章

化学打顶剂的作用机理

顶端优势是植物形态建成的重要协调方式。顶端优势不仅是植物的一种生存机制,其原理的利用在农业和园艺生产中有重要意义,可用以提高产量和改善株型等。农业生产上,常用消除或维持顶端优势的方法控制作物、果树和花木的生长,以达到增产和控制花木株型的目的。生产中主要通过打顶的方法控制顶端优势,打顶是一项常见的作物栽培措施,在棉花、烟草、芝麻、中药材、花卉等作物栽培中被广泛应用。打顶破除了作物顶端优势,控制了作物无限生长的习性,避免出现无效蕾、花、果(铃)及枝叶,协调养分的运转方向,使作物充分利用光热资源以保证生长需要的收获物有足够的养分,最大限度地提高产量并改善品质。

现阶段,棉花化学打顶剂的有效成分以甲哌鎓和氟节胺为主,两者虽同为植物生长抑制剂,但其作用靶点并不同。甲哌鎓通过调控赤霉素合成关键基因 CPS 的表达,降低植物体内赤霉素的生物合成,从而抑制细胞伸长,造成棉花主茎顶芽长势减弱,最终实现控制植物纵、横向生长的作用。甲哌鎓的作用效果比较温和,不易产生药害,但需要一定时间才能看到效果;也有单位开发了增效甲哌鎓(DPC$^+$),不仅药效期长,而且很快可以生效。氟节胺为接触兼局部内吸性植物生长延缓剂,此类化学打顶剂较甲哌鎓类作用强度大,可能对棉花顶部叶片有药害,易造成顶部叶片黄化、皱缩。

2.1 化学打顶影响棉花顶芽发育形态特征

化学打顶与传统的人工打顶不同,其不会对棉花顶芽造成物理性的破坏,仅对棉花主茎顶端的幼嫩组织表面形成轻微伤害,影响棉花顶芽发育形态,导致棉花主茎顶芽逐渐皱缩、黄化,最后失去生长动力,从而实现棉花自动"打顶"。

自然情况下,棉花的主茎顶端分生组织为近乎扁平的圆丘状,棉株地上部的各类器官均由此分化发育形成。化学打顶剂喷施后会抑制顶端分生组织的纵向生长,导致棉花顶芽趋于扁平。如图 2.1 所示,化学打顶剂 DPC$^+$ 处理后 3 d,棉株主

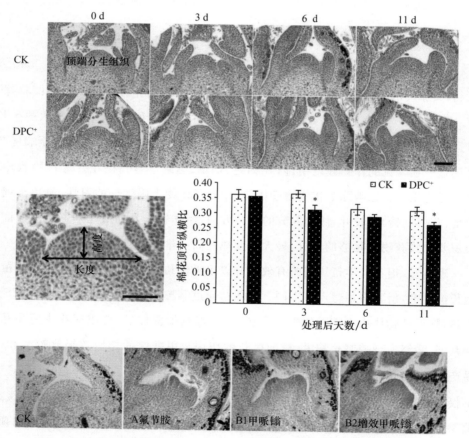

图 2.1　化学打顶剂 DPC$^+$ 对棉花顶芽生长点解剖结构的影响

茎生长点较对照(CK)趋于平缓,生长点的纵横比与对照相比显著降低。此后,对照棉株的生长点也较之前平缓,纵横比也开始下降,这是棉株自身营养生长势减弱和 DPC"系统化控"最后一次(化学打顶后 7 d)施药共同作用的结果。但同期 DPC$^+$ 化学打顶生长点的形态较对照更扁平、纵横比更低,其中处理后 11 d 差异显著。化学打顶剂处理 40 d 后,两种打顶剂处理后的主茎顶芽生长点不再是规则的半圆形,结构不再完整,原套-原体结构发生变化,表层的原套细胞变小,排列更紧密。

2.2 化学打顶影响主茎顶部叶片及腋芽的性状

以氟节胺为主要成分的打顶剂处理 4 d 后,棉花主茎顶部叶片开始变黄,叶缘微微向下卷曲;以甲哌鎓为主要成分的打顶剂处理 4 d 后,棉花主茎顶部叶片叶色加深,变绿。以氟节胺为主要成分的打顶剂处理 8 d 后,棉花主茎顶部倒数第二叶变黄,叶缘向下卷曲、皱缩,新发育蕾的苞叶变黄,蕾变小;以甲哌鎓为主要成分的打顶剂处理 8 d 后,棉花主茎顶部叶片叶色进一步加深,叶片变厚、缩小。以氟节胺为主要成分的打顶剂处理 12 d 后,棉花主茎顶部倒数第三叶变黄,叶片变小,叶缘向下卷曲、皱缩,新发育蕾的苞叶变黄,蕾变小;以甲哌鎓为主要成分的打顶剂处理 12 d 后,棉花主茎顶部叶片叶色进一步加深,叶片变厚,新生叶片缩小,随着甲哌鎓剂量的增加(从 50 mL/亩到 100 mL/亩),这种表现更明显(图 2.2)。

两种化学打顶剂处理 16 d 后,棉花主茎顶部未展开的叶片和腋芽与不打顶对照相比,均出现体积变小、皱缩、失水的现象(图 2.3)。

2.3 化学打顶影响棉花顶芽氧化还原状态

人工打顶属于物理性行为,对棉花造成一定的机械损伤,因此会短期激活棉花的能量代谢和应激反应来响应这种胁迫。已有研究表明,打顶处理后,棉花主茎功能叶中与参与碳水化合物和能量代谢相关的许多蛋白质的表达丰度发生变化,涉及糖酵解、三羧酸循环、卡尔文循环等碳水化合物代谢途径。化学打顶相较于人工打顶会使糖酵解途径减弱,这说明人工打顶后棉花需要更多的能量来响应,棉花化学打顶有效缓解棉花因打顶造成的剧烈反应,从而维持棉花的持续稳定生长。

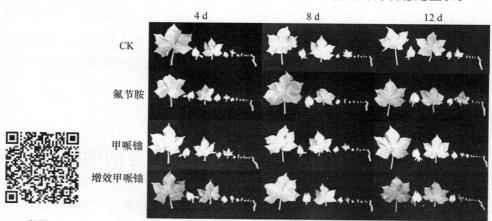

彩图 1

图 2.2 化学打顶剂处理 4～12 d 对棉花主茎顶端叶片及腋芽的影响

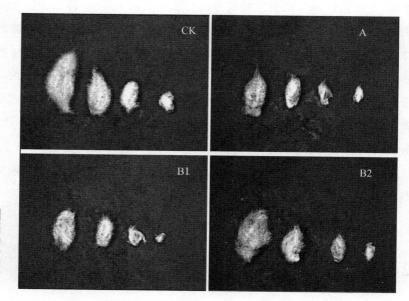

彩图 2

图 2.3 化学打顶剂处理 16 d 后 10 倍镜下观察主茎顶芽

注:CK 为不打顶对照;A 为氟节胺处理;

B1 为甲哌鎓处理;B2 为增效甲哌鎓处理。

活性氧(ROS)是一类具有氧化能力的分子、离子和自由基,包括超氧阴离子($O_2^- \cdot$)、羟基自由基($\cdot OH$)、过氧化氢(H_2O_2)、单线态氧($^1O_2$)等,可参与调控植物的生长发育以及各种胁迫反应。丙二醛(MDA)是植物膜脂过氧化的产物,其含量可以反映植物遭受逆境伤害的程度。另有研究表明,化学打顶后,棉株顶芽中的$O_2^- \cdot$含量逐渐下降,但H_2O_2和MDA总体变化不大。与人工打顶对照相比,DPC^+化学打顶后6 h棉株顶芽的两种活性氧(ROS)组份和MDA均升高,其中$O_2^- \cdot$显著升高,表明化学打顶导致棉株顶芽出现了短期的氧化胁迫,可能会影响棉花顶芽发育和开花等生长发育过程(图2.4)。

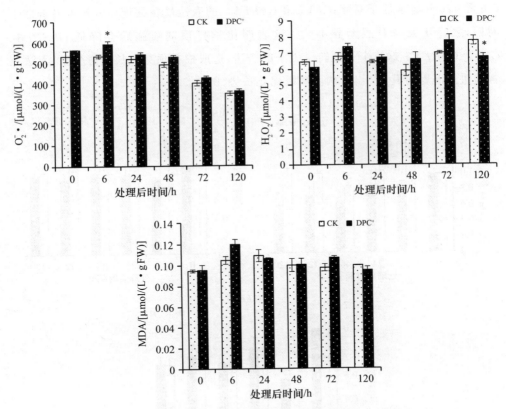

图2.4 化学打顶剂DPC^+对棉花顶芽氧化还原状态的影响

2.4 化学打顶影响棉花顶芽中相关基因的表达

研究表明,棉花花芽分化、生长阶段的转变和花器官的形成依赖 *GhSPL3* 这一转录因子;*GhV1* 属于 B3 类转录因子,在棉花顶芽部位特异表达,可能参与棉花花芽起始;*GhREV3* 属于 HD-Zip Ⅲ 转录因子,与 REVOLUTA (REV)同源性最高,该转录因子正调控植物顶芽分生组织、侧芽分生组织和花芽分生组织的起始及维持。化学打顶后棉花顶芽中 *GhSPL3* 的表达量与对照相比降低,其中在打顶后6 h 和 120 h 显著低于对照;*GhV1* 和 *GhREV3* 的表达量在处理后 6 h 也显著低于对照,之后几天与对照差异不大。这表明化学打顶剂喷施后会降低 *GhSPL3*、*GhV1*、*GhREV3* 这三个关键转录因子的表达,造成棉花顶芽生长发育受阻,无法正常地进行花芽分化和生长,从而减缓棉花长势(图 2.5)。

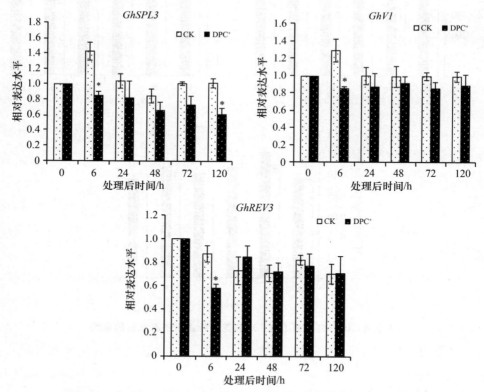

图 2.5　化学打顶剂 DPC⁺ 对棉花顶芽中 3 种基因表达水平的影响

2.5 化学打顶影响棉花内源激素的平衡

化学打顶剂属于植物生长延缓剂,其主要的作用是调节棉花内源激素系统平衡。化学打顶剂对主茎生长的调节不只是单一激素的效应,而是多种激素的复合效应。主茎生长和节间伸长过程受多种激素协同作用控制,化学打顶剂在调节内源激素系统基础上,降低了主茎的快速伸长节间的伸长速度,从而达到控制主茎生长的目的,同时调节了棉花个体结构,对构建合理的冠层结构、改善棉田生态环境具有良好作用。同一激素在棉花不同生育时期具有不同的功能,不同激素峰值和低值的变化,暗示着棉花生长中心的转变,激素间的相互作用及作用特点反映了外界对棉花生长发育的影响。

脱落酸(ABA)是一个 15 碳的倍半萜烯化合物,属于较强的生长抑制剂,是平衡植物内源激素和有关生长活性物质代谢的关键因子,具有促进植物平衡吸收水、肥和协调体内代谢的能力,可有效调控植物的根/冠和营养生长与生殖生长,对提高农作物的品质、产量具有重要作用。同时,ABA 又称为应激激素,当植物遇到逆境或者伤害时,ABA 含量会在短期内升高以应对逆境带来的威胁。已有研究表明,化学打顶和人工打顶均会在短期内提高植物体内的 ABA 含量,并呈现一个单峰曲线,但是化学打顶植株的 ABA 含量要低于人工打顶,说明化学打顶是一个缓慢抑制的过程,对植株的伤害性更小,植株不需要产生大量的能量物质来应对这种伤害。同时,化学打顶后棉花果枝和叶枝顶端的 ABA 含量也会在短期内升高,说明化学打顶对棉花果枝和叶枝的伸长产生明显的胁迫,这可能是化学打顶剂塑造棉花株型的原因之一。

生长素(IAA)是一类含有一个不饱和芳香族环和一个乙酸侧链的内源激素,其化学本质是吲哚乙酸,在植物体内分布很广,几乎各部位都有,但不是均匀分布的,在某一时间、某一特定部位的含量受几方面因素的影响。IAA 大多集中在植物生长旺盛的部分(胚芽鞘、芽和根尖的分生组织),存在游离型和束缚型两种形式,并且具有从植物体形态学上端向形态学下端极性运输的特点。研究表明,化学打顶和人工打顶均会影响棉花体内 IAA 的含量,并随时间变化呈现一个单峰曲线,但是两者之间并不存在显著性的差异,表明化学打顶和人工打顶相似,均产生了抑制棉花生长的效果。化学打顶对果枝顶端的 IAA 含量有较大影响,打顶后果枝顶端 IAA 含量低于人工打顶对照,表明果枝顶端的活性明显降低,这也反映了化学打顶对果枝顶端的抑制作用明显,果枝横向生长受控。

赤霉素(GA)是以赤霉素烷为骨架的双萜化合物。GA 种类繁多,参与许多植物的生长发育等多个生物学过程,生产上以 GA₄ 应用最多,具有促进茎、叶的伸长生长,诱导 α-淀粉酶的形成,加速细胞分裂、成熟细胞纵向伸长、节间细胞伸长,抑制块茎形成和侧芽休眠,促进衰老和提高生长素水平来维持顶端优势等作用。研究表明,化学打顶、人工打顶和清水对照的植物内源 GA 随时间延长均呈现先增加后降低的单峰曲线,其中化学打顶和人工打顶的 GA 含量差异不大,但是清水处理的 GA 含量却表现出显著性提高。这表明化学打顶会抑制棉花内源 GA 的合成,使植物生长势减弱,顶芽发育受损。

玉米素核苷(ZR)是一种化学物质,主要功能是促进细胞分裂、扩大,延迟衰老和促进营养物质移动等。研究显示,化学打顶后棉花主茎叶、果枝和叶枝顶端 ZR含量整体呈现下降趋势,这表明化学打顶抑制了促进细胞分裂的激素含量。

李莉等认为,棉花倒四叶中各激素的比值在含量上存在相互制约的动态平衡关系;打顶打破了棉株体内激素的动态平衡关系,促进衰老激素比值的增加。有研究表明,化学打顶对棉花内源激素的改变较为剧烈,与人工打顶处理相比,ABA、IAA 浓度变化趋势明显,GA₃浓度变化趋势不明显。

当然,化学打顶对棉花内源激素的影响并不局限于此,任何化学调控都是以应用植物生长调节剂为手段,通过改变棉花内源激素系统影响其行为(物质的、能量的、形态的转变)的技术,其原理在于主动调节棉花自身的生育过程,不仅使其能及时适应环境条件的变化、充分利用自然资源,而且在个体与群体、营养生长与生殖生长的协调方面更为有效。

2.5.1　不同打顶处理对棉花不同部位 IAA 含量的影响

随着生育期的推进,DPC 处理后的棉花顶芽 IAA 含量呈下降趋势,但氟节胺处理后棉花顶芽 IAA 含量相对稳定,DPC⁺ 与氟节胺处理后生长素含量均高于甲哌镓(图 2.6)。这表明棉花顶芽的活性明显降低,反映出化学打顶处理对棉花顶芽的生长素合成抑制效果明显,棉花顶部生长受到阻碍。

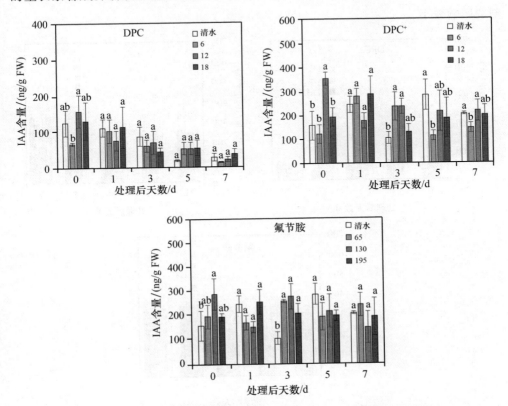

图 2.6 不同打顶处理对棉花顶芽内源激素 IAA 含量变化的影响

注:使用剂量的单位为 g/亩;不同小写字母表示在 0.05 水平上差异显著,余同。

高剂量打顶剂处理 1 d 时,IAA 含量高于清水对照,而随后低于对照;化学打顶处理的顶芽 GA₃ 含量高于清水对照。打顶后 3 d,与清水对照相比,DPC⁺ 和氟节胺处理下的 IAA 变化有很明显的差异,具体表现为清水对照的 IAA 含量降低后逐渐增加,而低中剂量逐渐降低。第 5 天与清水对比,化学打顶处理低于清水对照,但未达到显著水平。

除打顶后 1 d 以外,打顶后叶片中内源激素变化与顶芽相反,DPC⁺ 与氟节胺处理后 IAA 呈缓慢上升趋势,DPC 处理后呈先上升后下降趋势(图 2.7),但处理天数间差异不显著。分析认为,可能由于叶片内生长素主要来源于顶芽生长素极性运输,与顶芽相比,叶片内生长素含量变化幅度较小,这表明叶片受到化学打顶剂的影响较小。

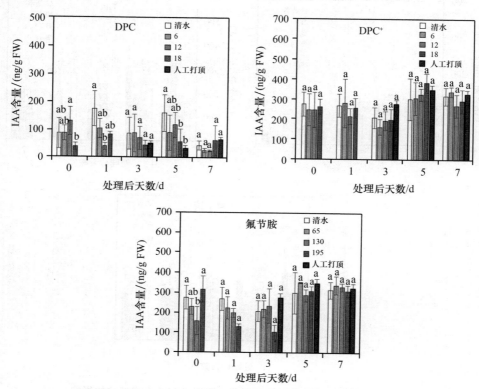

图 2.7　不同打顶处理对棉花叶片内源激素 IAA 含量变化的影响

注:使用剂量的单位为 g/亩。

打顶后 3 d 各药剂高剂量 IAA 含量均达到最小值,随后出现升高的趋势,而在第 7 天,DPC 处理下各剂量均低于人工打顶对照。在打顶处理后,人工打顶叶片 IAA 含量均高于清水对照,除 DPC+ 低剂量处理外,化学打顶各处理在药后第 1 天均低于清水对照,可见化学打顶在药后第 1 天影响棉花叶片 IAA 含量,并影响棉株后续生长。

2.5.2　不同打顶处理对棉花不同部位 GA₃ 含量的影响

随着生育期的推进,棉花顶芽 GA₃ 含量均有不同程度增加,与清水对照相比,DPC 处理后顶芽内 GA₃ 含量有所变化,但差异并不显著;DPC⁺ 与氟节胺处理后第 3 天与第 5 天,各处理顶芽内 GA₃ 含量均低于清水对照,但处理后第 3 天中剂量除外。

棉花顶芽 GA₃ 含量逐渐增加,但第 1～5 天处理间差异不显著,第 7 天 DPC⁺ 低中处理和氟节胺中高处理下显著降低,为化学打顶抑制棉花内源 GA 的合成,使植物生长势减弱,顶芽发育受损提供依据(图 2.8)。

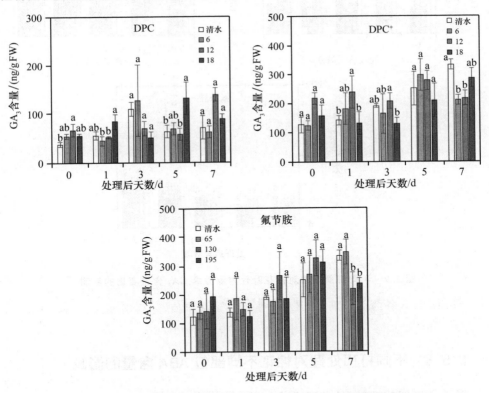

图 2.8　不同打顶处理对棉花顶芽内源激素 GA₃ 含量变化的影响

注:使用剂量的单位为 g/亩。

DPC 处理下棉花叶片 GA₃ 含量在处理后 1 d 达峰值,随后逐渐降低,在 3 d 时各打顶处理均低于清水对照,而在第 5 天和第 7 天,各打顶处理均高于清水对照,表现为中剂量＞低剂量＞人工打顶＞高剂量＞清水处理。而 DPC⁺ 和氟节胺处理无明显变化(图 2.9)。研究发现,DPC 处理后,叶片 GA₃ 含量高于顶芽;而 DPC⁺ 和氟节胺处理后,顶芽 GA₃ 含量高于叶片。

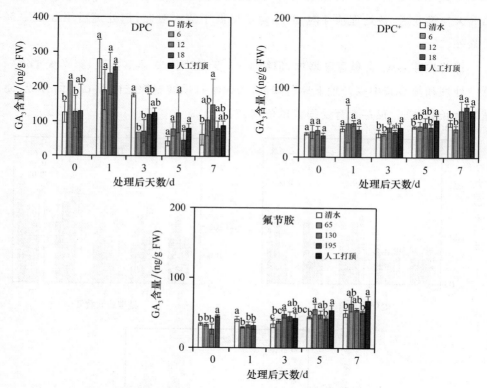

图 2.9　不同打顶处理对棉花叶片内源激素 GA₃ 含量变化的影响

注:使用剂量的单位为 g/亩。

2.5.3　不同打顶处理对棉花不同部位 ABA 含量的影响

随着生育期的推进,棉花顶芽内 ABA 整体水平较为稳定。DPC 处理后第 7 天,顶芽 ABA 含量下降,但中高剂量 DPC 处理后的棉花顶芽 ABA 含量在第 5 天增加,与清水和低剂量相比差异显著。DPC⁺ 与氟节胺处理后第 5 天,除中剂量及氟节胺低剂量顶芽 ABA 含量上升外,其余均下降,而在第 7 天,各剂量均低于清水处理,氟节胺下降程度低于 DPC$^+$(图 2.10)。

当植物遇到逆境或者伤害时,ABA 含量会在短期内升高以应对逆境带来的威胁,棉株顶芽 ABA 含量在第 2 天均有所提高,可能由于该阶段棉花从营养生长向生殖生长过渡,促进棉花库器官生长。

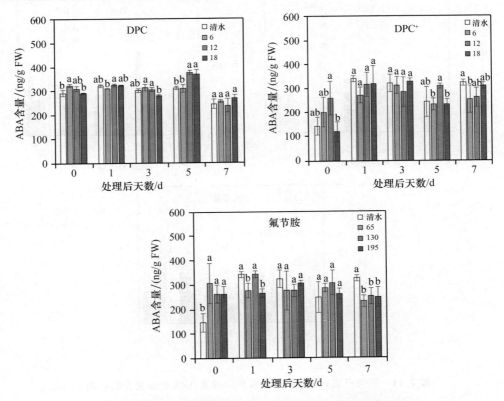

图 2.10 不同打顶处理对棉花顶芽内源激素 ABA 含量变化的影响

注:使用剂量的单位为 g/亩。

随着生育期的推进,DPC 处理后叶片内 ABA 含量逐渐上升,而 DPC$^+$ 和氟节胺处理后叶片内 ABA 含量波动较为剧烈,3～5 d 达到最低值后,又开始上升。处理后第 3 天,DPC 各处理叶片 ABA 含量均高于清水对照,人工打顶处理显著高于其他处理;第 5 天,清水对照的 ABA 含量上升,第 7 天下降,但各处理间差异不显著。DPC$^+$与氟节胺处理后 1 d,高剂量处理下棉株功能叶 ABA 含量最高,在第 3 天急剧下降。第 5 天时,随着处理剂量增加,叶片内 ABA 含量逐渐上升,人工打顶>高剂量>中剂量>低剂量;第 7 天,与清水对照相比,均低于清水对照,除氟节胺低剂量处理外(图 2.11)。

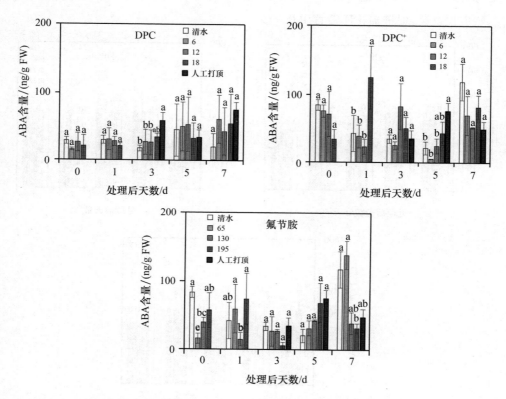

图 2.11 不同打顶处理对棉花叶片内源激素 ABA 含量变化的影响

注:使用剂量的单位为 g/亩。

不同打顶处理下,叶片内 ABA 含量逐渐增高,显著低于顶芽内 ABA 含量,第 5 天时 DPC 低中、DPC$^+$中高、氟节胺各剂量及人工打顶均高于清水对照,表明打顶后 ABA 逆境应激作用在叶片中也有表现。

2.5.4 不同打顶处理对棉花不同部位 ZR 含量的影响

化学打顶剂处理后,棉花顶芽内 ZR 含量呈现出先下降、后上升、再下降的波动。化学打顶处理后第 5 天,DPC$^+$ 处理达到最低值,DPC 和氟节胺低中高剂量处理均高于清水对照,其中氟节胺各处理达显著水平,但在第 7 天,3 种药剂处理均低于清水对照(图 2.12),表明化学打顶抑制了促进细胞分裂的激素 ZR 含量。

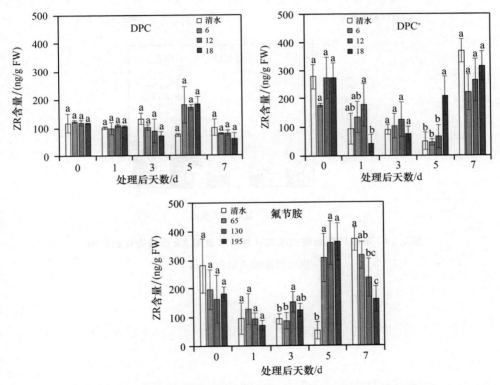

图 2.12 不同打顶处理对棉花顶芽内源激素 ZR 含量变化的影响
注:使用剂量的单位为 g/亩。

而叶片内 ZR 含量整体水平较为稳定,随着打顶后时间的推移,DPC 处理后叶片内 ZR 含量先增加后下降,DPC$^+$ 和氟节胺处理后叶片内 ZR 含量逐渐增高,但增高趋势不大,各时期各处理间差异不显著(图 2.13)。

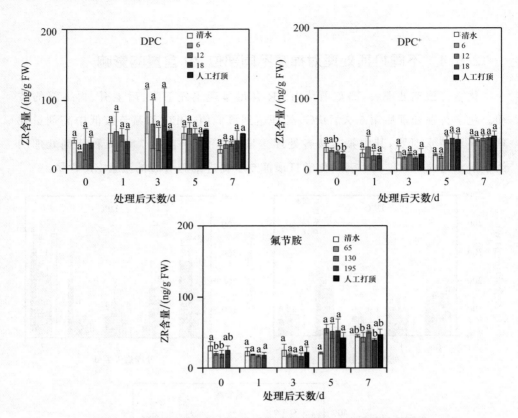

图 2.13　不同打顶处理对棉花叶片内源激素 ZR 含量变化的影响

注:使用剂量的单位为 g/亩。

第 3 章

化学打顶剂的生理效果

3.1　化学打顶剂的光合生理

　　冯国艺等的研究表明,棉花具有理想的株型特征有助于调节冠层内光能分布,实现棉花群体光合生产能力的提高。徐守振等的研究表明,化学打顶剂增加棉花的叶面积指数(LAI),改善冠层光分布,使得光合面积增加,光合能力增强。杜明伟等认为,适当的冠层开度、合理的光分布有利于提高光能利用率。较高的单叶光合速率是保障群体光合速率持续高值、促进群体总光合物质和生殖器官光合物质积累的重要因素。还有研究表明,叶绿素含量高低是衡量叶片光能吸收和利用能力的指标,化学打顶后叶片叶绿素含量高,且高值持续时间长,延长了有效光合时间,保证了群体较高的光合能力,延长了光合功能持续时间。杜明伟等认为,棉花生育后期叶绿素降解慢,保证了光合功能期,促进了光合物质积累。

　　有研究表明,相对于单叶光合速率,群体光合速率与植物生产力的关系更为密切。群体光合速率的测定综合了整个群体,与单叶光合速率相比,能更精确地描述单位土地面积上的生物量累积及产量的形成。张旺锋等认为,为实现棉花生产上的高产及超高产,生育前期应确保群体光合速率稳定上升,至盛铃期达到峰值,吐絮期群体光合速率将保持较高水平;杜明伟等认为,群体呼吸速率影响棉花高效生产,高产棉花盛铃期群体呼吸较一般棉产量棉田低。杨成勋等认为,化学打顶棉花的群体光合速率显著高于人工打顶,且初絮期仍维持较高水平;群体的呼吸速率占群体总光合速率的比率高于人工打顶的棉花。

3.1.1　不同打顶处理对棉花叶面积配置的影响

1.叶面积指数的变化

合理使用甲哌鎓能控制棉花过剩的营养生长,塑造紧凑的植株结构。喷施甲哌鎓后能显著地抑制棉花节间伸长和果枝的生长,棉株果枝和叶枝缩短,植株株宽和单株生态位明显变小,使株型变得更紧凑,降低叶面积扩展能力。化学打顶条件下棉花冠层上部果枝长度显著小于人工打顶,且棉花株宽变小。这可能是因为喷施化学打顶剂使棉株的横向生长受到抑制。但是化学打顶条件下的棉花纵向生长明显高于人工打顶处理的棉花,其中株高、主茎节数、主茎叶片数均显著高于人工打顶处理的棉花,这可能是因为喷施化学打顶剂后棉株存在一段时间的吸收、运转过程。化学打顶处理的棉花主茎在相对较短的时间内未停止生长,使株高、主茎节数及主茎叶片数的增加量较人工打顶处理的大。

叶面积指数的大小直接影响作物对光能的截获,进而影响群体光合生产。图3.1为不同打顶处理对棉花叶面积指数及配置的影响。棉花叶面积指数随生育时期先逐渐增大后减小,人工打顶的棉花叶面积指数显著小于化学打顶,且化学打顶条件下叶面积指数高值持续时间长。在叶面积指数达到最大值至初絮期,化学打顶的叶面积指数均显著高于人工打顶处理的。化学打顶条件下棉花叶面积指数峰值为5.03~6.49,人工打顶的仅为4.51~5.56。不同化学打顶药剂中以氟节胺处理的叶面积指数最大。化学打顶处理的棉花不同冠层部位叶面积指数均大于同时期人工打顶,且不同部位的叶面积指数均在出苗后80~90 d达到最大值。叶面积指数达到峰值时,化学打顶处理总叶面积指数较人工打顶的显著高出17.3%,冠层上、中、下部的叶面积指数分别高出16.9%、14.4%、22.8%。出苗后120 d,化学打顶处理不同冠层部位的叶面积指数仍大于人工打顶处理,总的叶面积指数较人工打顶处理高出18.6%,冠层上部叶面积指数较人工打顶处理高出24.8%,这表明化学打顶处理叶面积指数峰值高,且峰值持续时间长,同时,冠层上部较高的叶面积指数保证了生育后期充足的光合面积。

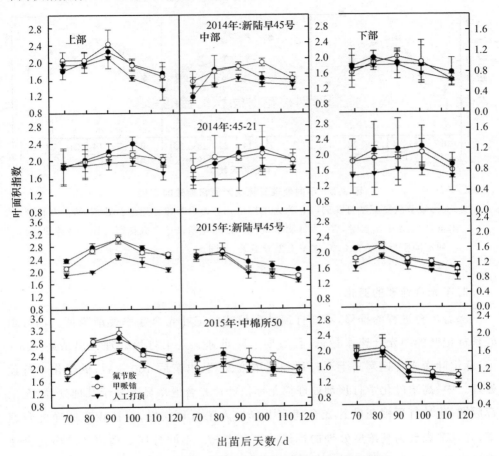

图 3.1 不同打顶处理对棉花叶面积指数及配置的影响

不同打顶方式的不同滴水量下,棉花叶面积指数随生育时期的推进,呈现单峰曲线变化,于盛花结铃期达到峰值,随后逐渐下降;人工打顶处理叶面积指数变化趋势较为平缓,而化学打顶处理则波动较大;低滴水量下,不同打顶处理棉花叶面积指数在整个生育期均显著低于中、高滴水量处理,峰值为5.1~6.2,盛铃后期下降至2.2~2.7;中滴水量处理下,化学打顶处理较人工打顶叶面积指数达到峰值的时间有所提前,维持在6.3左右,持续期较长,下降较缓慢;高滴水量处理下,化学打顶相较于人工打顶棉花叶面积指数峰值较高,维持在6.0~7.0,但生育后期下降较为迅速(图 3.2)。

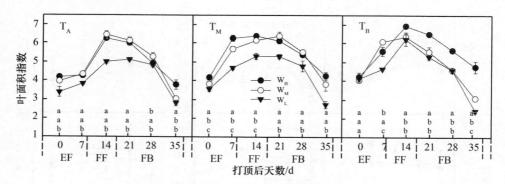

图 3.2　不同处理间棉花叶面积指数的变化

注:T_A 为氟节胺复配型打顶剂,T_M 为人工打顶,T_B 为甲哌鎓复配型打顶剂;W_H 为高滴
　　水量,W_M 为中滴水量,W_L 为低滴水量;EF 为初花期,FF 为盛花期,FB 为盛铃期;同
　　一列不同字母表示在 0.05 水平上差异显著,余同。

2. 净光合速率的变化

随着生育进程的推移,不同打顶处理棉花标记叶光合速率逐渐降低。不打顶
处理标记叶的净光合速率最低,且后期下降迅速。人工打顶处理在出苗后 100 d
前,标记叶净光合速率高于不打顶和低浓度处理;出苗后 100 d 后,低于化学打顶
处理。中、高浓度化学打顶剂处理棉花标记叶片光合速率显著高于其他处理;至生
育后期,化学打顶棉花叶片光合速率下降比人工打顶缓慢,保持较高的净光合速
率,并且都表现为高浓度处理的标记叶光合更高。不同打顶处理顶叶的净光合速
率呈现先上升、后下降或逐步降低的趋势,不同浓度化学打顶剂处理顶叶的净光合
速率均表现出浓度越高、光合值越高,且高浓度处理显著高于其他处理(图 3.3)。
与标记叶相比,生育后期的顶叶仍然有较高的净光合速率。

3. 群体光合速率与呼吸速率的变化

有研究表明,合理的冠层结构能调节冠层内光能的分布和截获量,进而增加
群体光合生产能力。冠层透光率的降低是导致叶绿素含量和光合速率下降的主
要原因之一,功能叶片叶绿素含量能直接影响光合速率和光合物质的形成和累
积,同时也是影响生育期内群体产量潜力的决定因素。不同打顶条件下群体光
合速率随生育时期的推进先逐渐增大然后减小,出苗后 80 d 达到峰值,化学打

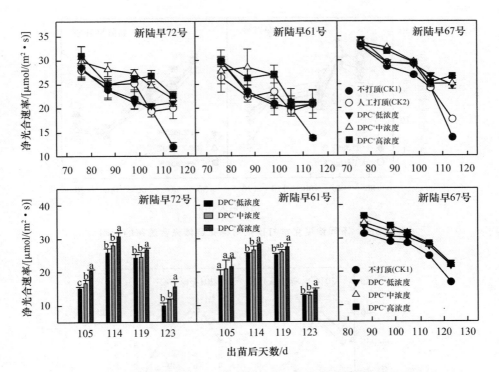

图3.3 不同浓度化学打顶剂对叶片标记叶和顶叶净光合速率的影响

顶处理群体光合速率显著高于人工打顶。至初絮期,化学打顶处理群体光合速率仍维持在 16.0 $\mu mol/(m^2 \cdot s)$,较人工打顶处理群体光合速率显著高出14.4%～36.4%。杨成勋等认为,化学打顶处理下群体光合速率峰值较人工打顶处理高,且高值持续期长,可能是由于化学打顶处理的棉花有较高的叶面积指数和叶片叶绿素含量,冠层光分布合理,增加了中、下层叶片的光合有效辐射,延长了光合作用的时间。

不同打顶剂浓度间表现为,中、高浓度处理的群体光合速率始终高于其他处理,且生育后期下降速率较其他处理缓慢。不打顶处理群体光合速率虽然高于人工打顶处理,但低于化学打顶处理(图3.4)。随着棉花生育进程的推移,新陆早72号的群体光合速率逐渐增大,盛铃期达到峰值,随后开始下降;新陆早61号从盛花期测定开始,表现为持续下降趋势。人工打顶处理下降迅速,至采收前,人工打顶处理显著低于其他处理(图3.5)。

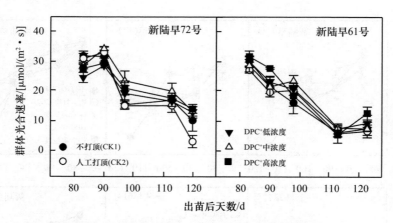

图 3.4　不同浓度化学打顶剂对棉花群体光合速率的影响

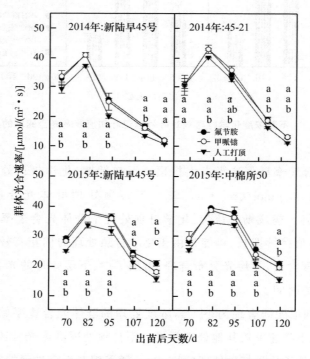

图 3.5　不同打顶处理对棉花群体光合速率的影响

　　由图 3.6 可知,化学打顶棉花的群体呼吸速率在达到峰值前显著高于人工打顶的棉花,峰值后与人工打顶的棉花无显著差异;化学打顶棉花的群体呼吸速率占群体总光合速率的比率高于人工打顶的棉花。可见,化学打顶的棉花叶面积指数高,且高值持续期长,增加了光合面积;叶片的叶绿素含量高,且高值持续时间长,光合时间延长,这些因素保证了较高的群体光合能力,使得光合功能持续期长,干物质积累量较高。但化学打顶的棉花经济系数较人工打顶棉花经济系数偏低,表明营养生长仍然偏旺,需要加强进一步的调节,提高光合物质的运输效率。

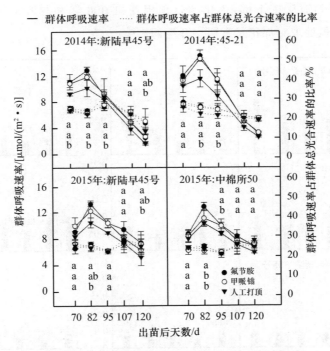

图3.6 不同打顶处理的棉花群体呼吸速率随生育期的变化

3.1.2 不同打顶处理对棉花不同部位冠层开度和光分布的影响

棉花冠层开度随生育期的推进先减小、后增大,化学打顶处理的棉花不同冠层部位冠层开度均大于同时期人工打顶处理,尤其是棉花上、中部冠层开度显著高于人工打顶处理的棉花。不同处理的冠层开度在出苗后 90～100 d 达到最小值,不同化学打顶剂种类间冠层开度表现为氟节胺＞甲哌鎓。在整个生育期内,化学打顶处理的棉花上、中、下部的冠层开度较人工打顶分别高出 47.8%、55.4%、59.5%。在冠层开度最小时,化学打顶处理的棉花不同冠层部位冠层开度仍大于人工打顶处理的棉花,棉花上、中、下部冠层开度比人工打顶分别高出 35.8%、49.9%、78.0%,这表明在整个生育期内,化学打顶处理的棉花不同冠层部位均保持良好的透光条件,保证了不同冠层部位叶片均匀的光吸收。出苗后 120 d,化学打顶处理的棉花不同冠层部位的冠层开度极显著地大于人工打顶处理的棉花,这有利于光投射到冠层中下部,为化学打顶棉花更好吐絮和脱叶提供了保证。图 3.7 为不同打顶处理对棉花垂直冠层开度的影响。

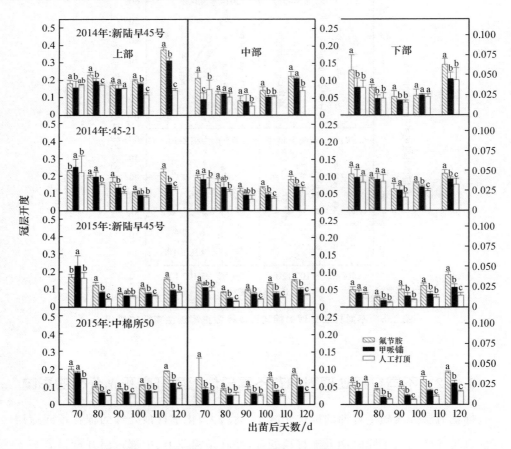

图 3.7　不同打顶处理对棉花垂直冠层开度的影响

不同打顶处理的棉花冠层总光吸收率无显著差异,均保持较高的值;但化学打顶处理的棉花与人工打顶处理的棉花冠层上、中部光吸收率差异显著。化学打顶处理的棉花冠层上部光吸收率显著小于人工打顶处理,中部冠层光吸收率显著大于人工打顶处理,且中、下部冠层光吸收率之和占总光吸收率的比例较大;化学打顶处理的棉花不同冠层部位光吸收率比例较人工打顶处理的棉花更均匀。在整个生育期内,化学打顶处理的棉花上部冠层光吸收率较人工打顶减少了 14.45%、中部和下部冠层分别增加了 73.4% 和 56.9%,中、下部冠层光吸收率之和增加了56.0%。

有研究表明,作物群体叶面积指数的大小与冠层光合有效辐射有关,冠层内叶面积配置决定了冠层光能的截获量和透光率的大小。棉花叶面积应保持在一定范围,过大或过小都会影响冠层对光能的截获,最终使群体光合速率减小,产量下降。在增加中下部叶面积基础上,降低上部冠层的光截获量,增加中下部冠层的叶面积,有利于提高中下部冠层部位的光吸收率。水稻、小麦超高产田,在生育后期必须保证较大的叶面积指数,达到充分截获光能的目的。棉花实现高产首先应保证较高的叶面积指数和较长的高值持续期,化学打顶处理叶面积指数达到最大值时显著高于人工打顶处理,且高值持续时间长,初絮期仍维持较高,且群体光合速率也较高。这可能是因为化学打顶处理的棉花生育后期光合源较大,保障了较高的群体光合速率。化学打顶处理的棉花叶面积指数峰值超过 6.0,但是未造成冠层遮蔽,并且冠层不同部位透光率与人工打顶相比较大,光分布更均匀,冠层下部漏光损失小;同时,冠层上部透光率高,使冠层中下部能吸收更多的光能。这可能是由于化学打顶棉花中上部果枝长度变短、株宽变小,株型更加紧凑,较紧凑的株型能有效地改善棉花冠层中下部光环境,使得光能合理分布到不同冠层的叶片上;同时,冠层上部和中部叶片直立,下部叶片平展,这样的叶片形态能提高叶片的光能截获能力。因此,化学打顶棉花具有较大叶面积指数时未造成冠层遮蔽,使冠层中下部叶片接收到更多的光,延缓了叶片的衰老和脱落,增加了光合有效面积,使群体光合能力增强,有利于干物质积累。

图 3.8 为不同打顶处理对棉花冠层透光率的影响。

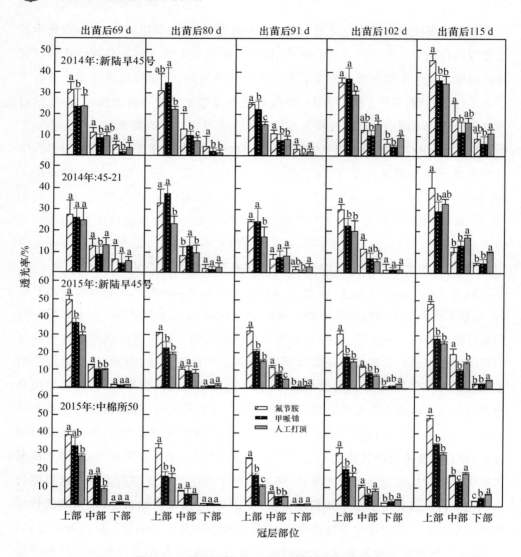

图 3.8　不同打顶处理对棉花冠层透光率的影响

　　棉花冠层开度的大小与冠层光环境优劣及冠层对光能的利用效率密切相关，不同打顶处理下低滴水量处理棉花冠层开度在整个生育期均高于中、高滴水量处理，差异显著；人工打顶处理下，中、高滴水量处理棉花冠层开度无显著变化；化学打顶处理下，高、中滴水量之间具有显著差异，其中，氟节胺复配型处理棉花冠层开度在生育后期则表现为中滴水量处理＞高滴水量处理；甲哌镓复配型表现为，在生育前期高滴水量处理冠层开度显著高于中滴水量处理，而在生育后期显著低于中滴水量处理。与人工打顶相比，氟节胺复配型棉花在高滴水量处理下冠层开度增加 11％～62％，中滴水量增加 27％～55％，低滴水量增加 7％～9％；甲哌镓复配型较人工打顶冠层开度表现为高滴水量处理下减少 9％～26％，中滴水量处理增加 39％～80％，低滴水量处理于前期减少 39％～57％，后期增加 5％～36％。图 3.9 为不同处理下棉花冠层开度的变化。

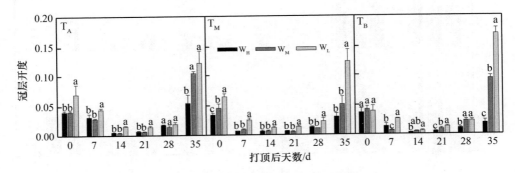

图 3.9 不同处理下棉花冠层开度的变化

注：T_A 为氟节胺复配型打顶剂，T_M 为人工打顶，T_B 为甲哌镓复配型打顶剂；W_H 为高滴水量，W_M 为中滴水量，W_L 为低滴水量。

化学打顶棉花叶面积指数较高，且高值持续期长，生育后期下降较为平缓；棉花冠层开度较大，冠层不遮蔽；上部透光率高，提高了中下部叶片的光能利用率。与高滴水量处理相比，中滴水量处理下化学打顶棉花叶绿素含量高，叶面积指数峰值有所提前，且冠层中下部透光率增加 34％～42％，有效减少了因叶面积过大而引起的冠层遮蔽。与低滴水量处理相比，中下部透光率减少了 24％～39％，降低了因滴水量过小而引起的漏光损失。这说明在化学打顶剂药效期内，滴水量变化与药剂效果之间存在一定的制约与促进关系，而过高或过低的滴水量均会使冠层结构向不利方向发展。图 3.10 为不同处理对棉花冠层透光率的影响。

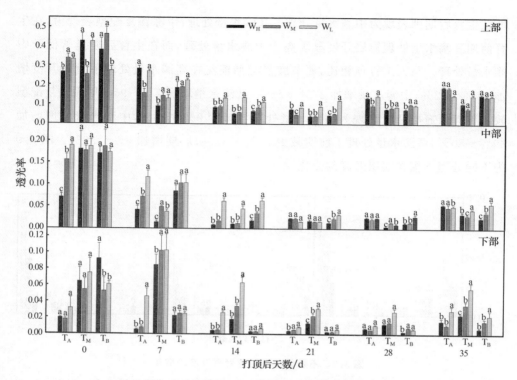

图 3.10　不同处理对棉花冠层透光率的影响

注:T_A 为氟节胺复配型打顶剂,T_M 为人工打顶,T_B 为甲哌鎓复配型打顶剂;W_H 为高滴
　　水量,W_M 为中滴水量,W_L 为低滴水量。

3.2　化学打顶剂对棉花干物质积累及棉铃分布的影响

3.2.1　不同化学打顶剂对棉花干物质积累及棉铃分布的影响

有研究表明,合理的化学调控方式能有效地改善小麦、大豆等作物冠层光分
布,增加冠层截光率,提高群体光合速率,增加干物质积累;干物质与产量呈极显著
正相关,但同时又受限于作物的经济系数。棉花合理叶层结构分布的特征表现为
在盛花期和盛铃期提高叶面积指数,能确保光合产物向棉铃库的输送,达到总铃数
和产量的增加。化学打顶的棉花产量有增加的趋势,主要是化学打顶棉花总的干
物质积累和单株铃数增加所致。这一方面可能是因为化学打顶的棉花株高增加,

增加了果枝数;另一方面是光合面积增加、光合功能期延长。化学打顶的棉花单位面积总干物质积累量大于人工打顶的棉花,出苗后 60～115 d 呈直线增长,其中化学打顶的棉花总干物质积累呈直线增长持续时间较人工打顶的平均长 4.9 d。化学打顶条件下总干物质积累量更大,为化学打顶的棉花进一步发掘产量潜力提供了有效的物质保障。

虽然化学打顶增加了棉株的果枝数,但是上部果枝无效铃较多,经济系数较低,较人工打顶棉花降低了 4.1%,在一定程度上影响了棉花稳产或高产。有研究表明,合理的化学调控能促进生殖器官生长,提高同化物利用率;适时适度的水分控制,能够抑制植株营养生长,促进生殖生长,有利于光合产物向棉铃运转与分配,提高经济系数。棉花吐絮期,化学打顶条件下棉花单位面积叶、茎的干物质积累显著高于人工打顶,氟节胺处理的铃干物质量较人工打顶显著高出 11.0%,主要是因为冠层上部铃的干物质积累较大。化学打顶处理的棉花不同冠层部位不同器官的干物质分配更加均匀,棉花上、中、下部冠层叶的干物质积累占叶总干物质积累的比例分别为 50.9%、33.33%、15.7%,人工打顶的棉花上、中、下部冠层叶的干物质积累占叶总干物质积累的比例分别为 58.3%、33.3%、8.4%;化学打顶处理的棉花上、中、下部冠层单位面积铃的干物质积累占铃的总干物质积累的比例分别为 27.1%、30.6%、42.2%,人工打顶处理的棉花上、中、下部冠层单位面积铃的干物质积累量占铃的总干物质积累的比例分别为 21.5%、36.9%、41.7%。因此,在棉花生产中,确定化学打顶剂适宜的喷施时间,并且结合化控和水肥调控,以控制株高,减少无效铃,避免无谓的营养消耗;由于化学打顶的棉花生育后期具有较高的群体光合速率,也可以通过适当控制水肥,保证光合物质向有效棉铃的运转,进一步提高经济系数。图 3.11 为吐絮期不同打顶处理棉花不同器官干物质积累与分配空间分布。

研究表明,使用甲哌鎓能增加干物质向棉铃分配的比例,改变棉花的结铃部位,使更多的棉铃集中在中下部果枝。赵强等认为棉花喷施化学打顶剂能抑制棉株的横向伸长,塑造合理的株型结构,增加果枝数,增加上部铃和内围铃。还有研究表明,协调源库关系是作物实现高产的重要途径。杜明伟等认为,高产棉花棉铃空间分布与冠层光合分布、叶片空间配置比例越相近,越有利于促进光合产物向棉铃库的快速转运。冯国艺等认为,高产及超高产棉花冠层上部结铃更

棉花化学打顶整枝理论与实践

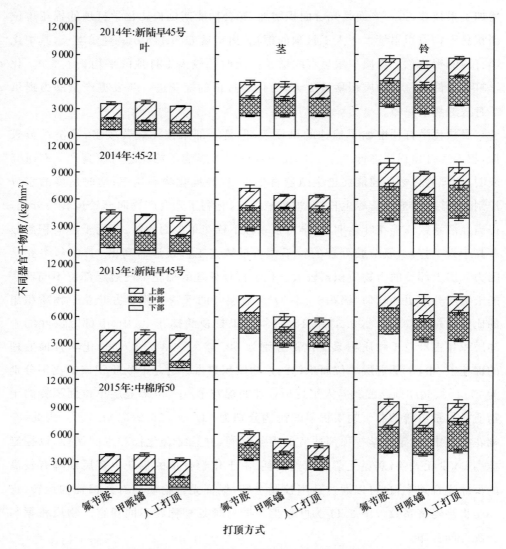

图 3.11 吐絮期不同打顶处理棉花不同器官干物质积累与分配空间分布

多,铃库比例较大,使冠层上部充足的光合源同化的有机物能及时运转到棉铃库中;马富裕等认为,冠层上部叶片是群体光合的主要部位,然而结铃在冠层中下部,不利于光合物质的运输和分配。张新国等认为,要实现较高的产量,应结合棉铃空间分布特征,合理调控,塑造理想株型。王娇等认为,在棉花生产中进一

38

步增加冠层上部结铃是提高产量的重要途径之一。研究表明,合理的施氮量能优化棉铃的空间分布,并且能增加上部果枝结铃,防止棉铃的脱落,有利于产量的进一步提高。

总结前人有关棉花喷施化学打顶剂后对棉铃空间分布的影响,在棉花生产中通过合理的水肥调节来减少化学打顶棉花无效铃数,对制定棉花生育后期水分和养分管理措施具有重要的意义。

3.2.2　不同化学打顶浓度对棉花干物质积累与分配的影响

与人工打顶相比,化学打顶和不打顶棉花均存在植株主茎生长点持续生长的现象,不打顶处理的棉株新生部分持续生长,最终占整株生物量的 17.3%～20.4%;化学打顶处理下主茎新生长部分的物质分配随药剂浓度升高占比降低,低浓度为 9.5%～11.9%、中浓度为 7.1%～8.7%、高浓度为 6.7%～7.2%。新生部分为打顶后生长出的部分,该部分长出的棉铃铃期较短,铃重和纤维品质较低,不利于棉株产量形成,因此希望减少运转至该部分棉铃的干物质。可见,与不打顶处理相比,化学打顶处理下主茎新生长部分转运到棉铃的干物质减少,只有 1.1%～3.6%,造成光合物质浪费较少。图 3.12 为不同浓度化学打顶剂对棉花新生部分物质分配的影响。

除对照不打顶棉株外,不同浓度化学打顶剂对植株中部干物质分配的影响不显著。不打顶对照中部干物质分配为 32.8%～36.3%,分配到棉铃的有 17.1%～18.4%。其他各处理植株中部干物质均为 37.8%～40.9%,分配到棉铃的有22.0%～24.4%。由于化学打顶剂的生理效应,处理后干物质分配比例整体发生变化,植株下部干物质比例受到较大影响,化学打顶处理提高了下部干物质占比,并且增加了下部棉铃干物质的比例。人工打顶植株下部棉铃占比为 6.1%～7.3%,化学打顶处理植株下部棉铃占比为 8.3%～9.0%;新陆早 67 号人工打顶植株下部棉铃占比为 21.6%,化学打顶下部棉铃占比为 21.6%～23.1%。图 3.13为不同浓度化学打顶剂对棉花植株下部干物质分配的影响。

棉花化学打顶整枝理论与实践

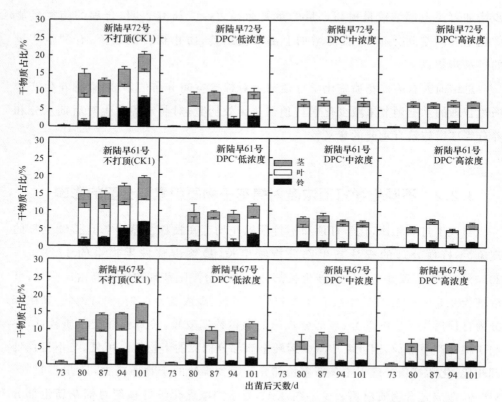

图 3.12　不同浓度化学打顶剂对棉花新生部分物质分配的影响

3.2.3　不同滴水量下化学打顶棉花干物质积累与分配的变化

随着棉花生育时期的推进,不同打顶处理在不同滴水量条件下,棉花上部干物质量的变化呈极显著差异($P < 0.01$)。冠层中部干物质占总干重的比重变化为,不同打顶处理之间呈极显著差异($P < 0.01$),而不同滴水量处理之间呈显著差异($P < 0.05$)。化学打顶剂与滴水量交互作用下,冠层中部干物质占总干重的比重变化表现为,随着生育进程的推进显著性逐渐降低。植株下部干物质占总干重的比例差异性变化大,但与生育时期推进无显著关系,这可能与中、上部干物质的分配有关。不同处理棉花各部位干物质占总干物质量的比例差异较大,上、中、下部分别表现如下:人工打顶为 31%、36%、33%,氟节胺复配型为 34%、35%、31%,甲

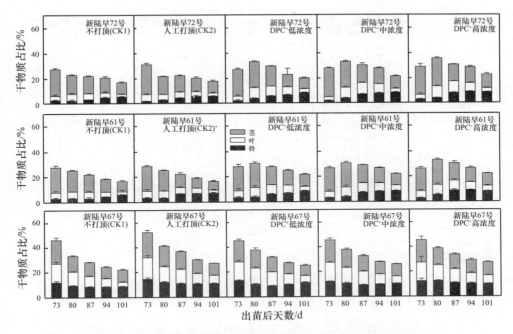

图3.13　不同浓度化学打顶剂对棉花植株下部干物质分配的影响

哌镓复配型为33%、36%、31%;高滴水量处理为33%、35%、32%,中滴水量处理为33%、36%、31%,低滴水量处理为32%、36%、32%。相对于人工打顶处理棉花,化学打顶棉花在增加了干物质向上部运输的同时,仍然保持中部具有较高的分配量;滴水量的变化对干物质向各部位的运输比例影响较小,而总干物质量则表现为高滴水量处理>中滴水量处理>低滴水量处理。图3.14为不同处理下棉花干物质向不同部位的分配变化。

棉花蕾铃干物质量占总干物质量的比例均随生育时期的推进呈现逐渐增大的趋势,且随滴水量变化表现为低滴水量处理>中滴水量处理>高滴水量处理。相较于人工打顶处理,化学打顶处理棉花干物质向上部蕾铃的分配比例于生育前期增长缓慢且峰值降低13%~14%。生育中后期,中滴水量处理下,干物质向化学打顶上部蕾铃的分配比例逐渐增高,相较于高滴水量增加24%~62%,相较于低滴水量增加40%~110%;而干物质向人工打顶处理蕾铃的分配比例逐渐降低。

随滴水量的减少,棉花干物质总量呈逐渐下降趋势,不同打顶方式之间干物质

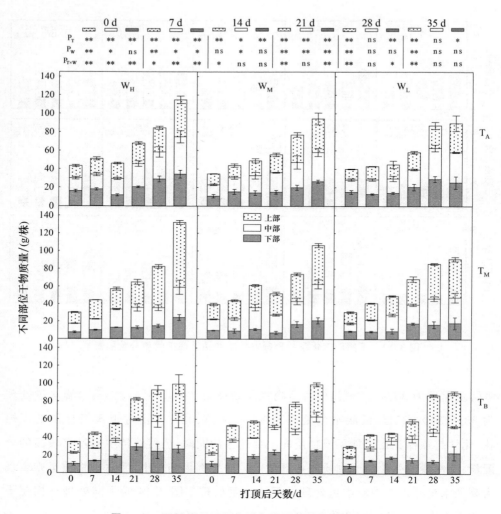

图 3.14　不同处理下干物质向不同部位中的分配变化

注：T_A 为氟节胺复配型打顶剂，T_M 为人工打顶，T_B 为甲哌鎓复配型打顶剂；W_H 为高滴水量，W_M 为中滴水量，W_L 为低滴水量。

总积累量差异不大，但相对于人工打顶，化学打顶在增加了物质向上部运输的同时，仍然保持中部具有较高的分配量，这在一定程度上保证了中部及上部光合产物的积累；而中部是伏桃形成和发育的主要部位，也是棉花产量形成的主体部位，中部干物质的积累是伏桃形成的基础；此外，化学打顶提高了光合产物向上运输的比例,而本试验研究表明,化学打顶棉花干物质向上部生殖器官的分配比例远小于人工打顶,且上部生殖器官干重较人工打顶减少了 11%,说明化学打顶棉花上部果枝往往不成优质铃,对产量贡献不高;中滴水量可以提高化学打顶棉花上部铃的干物质分配比例,有利于上部果枝优质铃的形成。图 3.15 为不同处理下干物质向生殖器官中的分配变化。

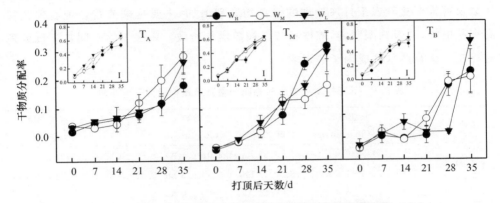

图 3.15 不同处理下干物质向生殖器官中的分配变化

注:T_A 为氟节胺复配型打顶剂,T_M 为人工打顶,T_B 为甲哌鎓复配型打顶剂;W_H 为高滴水量,W_M 为中滴水量,W_L 为低滴水量。

3.3 化学打顶剂对棉花产量及纤维品质的影响

化学打顶技术一般对棉花产量没有不利影响或有增产趋势;化学打顶棉花上部果枝结铃数高于人工打顶,但降低了光合物质向棉株上部棉铃的分配比例,导致上部铃重降低,对品质提高不利。李新裕等认为,化学打顶处理可能降低棉花衣分;但董春玲等的研究表明,不同品种表现不一,这可能与品种对植物生长调节的敏感程度以及打顶时间有关。赵强等认为化学打顶对棉花纤维品质影响不显著;而张允昔等的研究认为,化学打顶剂对纤维长度形成具有一定的抑制作用。有研究表明,喷施甲哌鎓可增加纤维强度;打顶时间越晚,马克隆值呈现越低的趋势。黎芳等的研究表明,DPC^+ 化学打顶对上部果枝棉铃的吐絮时间有推迟作用,影响程度与棉花品种以及棉铃发育时遇到的环境条件有关。

3.3.1　棉花产量及产量构成因子的变化

棉花采用化学打顶,果枝数及单株结铃数增加,产量有所提高;棉花单株结铃
数的增加主要来源于冠层上部果枝。其中,喷施氟节胺打顶剂的棉花单株铃数、总
铃数及籽棉产量较人工打顶处理的棉花均表现增加,主要是氟节胺处理后棉花株
高有所增加,同时株型紧凑,棉株有效果枝数增加所致。表3.1为不同打顶剂处理
对棉花产量及产量构成因子的影响。

表3.1　不同打顶剂处理对棉花产量及产量构成因子的影响

品种	处理	收获株数/ (10^4/hm^2)	单株铃数/ （株/个）	总铃数/ (10^4/hm^2)	单铃重/g	籽棉产量/ （kg/hm^2）
新陆早 45号	氟节胺	21.9±0.9 a	5.63±0.33 Aa	123.0±4.7 Aa	5.53±0.38 a	6 794±262 Aa
	甲哌鎓	22.3±1.2 a	4.78±0.12 Bb	106.5±5.2 Bb	5.51±0.31 a	5 864±288 Bb
	人工打顶	22.3±0.4 a	5.49±0.15 Aa	122.5±1.3 Aa	5.52±0.07 a	6 766±74 Aa
45-21 （品系）	氟节胺	22.8±1.1 a	6.96±0.34 a	158.8±9.3 a	5.65±0.50 a	8 970±527 a
	甲哌鎓	23.4±0.4 a	6.06±0.55 b	141.9±15.1 a	5.52±0.70 a	7 824±834 b
	人工打顶	23.4±1.5 a	6.33±0.19 ab	147.9±6.7 a	5.63±0.61 a	8 320±377 ab
中棉所50	氟节胺	23.0±0.7 a	4.99±0.22 a	114.8±4.9 a	5.59±0.27 a	6 424±276 a
	甲哌鎓	23.0±1.1 a	4.76±0.21 a	109.3±5.9 a	5.50±0.60 a	6 011±323 a
	人工打顶	23.5±1.0 a	4.69±0.05 a	110.4±5.8 a	5.53±0.08 a	6 102±322 a

注:同列不同小写字母表示差异达5%显著水平,余同;不同大写字母表示差异达1%显著水平,余同。

氟节胺打顶剂显著降低了棉花上部果枝单铃重,但对平均铃重、衣分和产量无
显著影响。当化学打顶剂处理期间滴水量较低时,会显著降低化学打顶处理的籽棉
产量;相对于较低滴水量处理,适度的滴水量处理增加了化学打顶棉花的单株铃数,
籽棉产量提高7%～8%,且相对于高滴水量处理,单次滴水减少6 m^3/亩,有利于棉
花实现节水增产增效。表3.2为不同滴水量下化学打顶棉花产量及产量构成因子的
变化。

化学打顶处理棉花产量与人工打顶差异不显著,显著高于不打顶处理。收获
时处理间株数没有显著差异,单株结铃数与总铃数以化学打顶较高,单铃重以人工
打顶较高,其次是化学打顶。化学打顶处理的单株结铃数、单位面积总铃数要略高

于人工打顶处理,单铃重要略低于人工打顶,化学打顶处理的产量相对于人工打顶处理有一定的提高,不同浓度化学打顶剂处理间产量变化与品种有关。表 3.3 为不同浓度化学打顶剂对棉花产量及产量构成因子的影响。

表 3.2　不同滴水量下化学打顶棉花产量及产量构成因子的变化

打顶剂	处理	收获株数/ (万株/hm²)	单株铃数/ (个/株)	总铃数/ (10⁴/hm²)	单铃重/g	籽棉产量/ (kg/hm²)	皮棉产量/ (kg/hm²)
氟节胺 (T_A)	W_H	24.90 a	5.02 cde	125 ab	5.02 d	6 252.5 ab	2 519.35 a
	W_M	24.90 a	5.17 bcd	128 a	5.25 bcd	6 437.5 a	2 577.39 a
	W_L	24.75 a	4.87 de	120 b	5.22 cd	6 022.5 b	2 468.09 a
人工打顶 (T_M)	W_H	24.35 ab	5.37 abc	130 a	5.53 a	6 540.0 a	2 646.24 a
	W_M	22.90 c	5.50 ab	125 ab	5.47 ab	6 285.0 a	2 547.17 a
	W_L	24.85 a	5.03 cde	125 ab	5.35 abc	6 247.5 ab	2 570.16 a
甲哌鎓 (T_B)	W_H	24.30 ab	5.08 bcde	123 ab	5.52 a	6 172.5 ab	2 440.09 a
	W_M	23.05 bc	5.63 a	130 a	5.44 abc	6 490.0 a	2 616.35 a
	W_L	25.45 a	4.68 e	119 b	5.42 abc	5 955.0 b	2 402.50 a
	T	ns	ns	ns	ns	ns	ns
	W	＊＊	＊＊	＊	＊＊	＊＊	ns
	T×W	ns	ns	ns	ns	ns	ns

注:W_H 为高滴水量,W_M 为中滴水量,W_L 为低滴水量。

表 3.3　不同浓度化学打顶剂对棉花产量及产量构成因子的影响

处理	收获株数/ (10⁴/hm²)	单株铃数/ (株/个)	总铃数/ (10⁴/hm²)	单铃重/g	籽棉产量/ (kg/hm²)
新陆早 72 号					
不打顶	20.18±0.96 a	6.9±1.22 b	110.4±4.02 c	5.14±0.40 b	5 515±131 c
人工打顶	21.35±0.72 a	7.8±1.01 a	136.4±5.40 b	5.70±0.56 a	6 632±151 b
DPC⁺ 低浓度	20.61±0.92 a	8.3±0.62 a	141.8±6.29 ab	5.56±0.41 ab	7 055±104 a
DPC⁺ 中浓度	20.61±1.07 a	8.5±0.52 a	144.7±4.23 a	5.66±0.56 ab	7 134±126 a
DPC⁺ 高浓度	20.18±1.11 a	8.4±0.83 a	140.6±4.92 ab	5.60±0.44 ab	6 877±253 ab
新陆早 61 号					
不打顶	20.76±1.20 a	7.0±1.13 b	114.9±5.0 8c	4.82±0.42 b	5 433±141 b
人工打顶	21.20±1.03 a	7.5±1.19 b	129.6±6.78 b	5.31±0.37 a	6 475±270 a
DPC⁺ 低浓度	20.03±0.66 a	8.4±0.83 a	139.8±5.57 ab	5.08±0.44 ab	6 877±429 a
DPC⁺ 中浓度	20.18±0.78 a	8.5±0.64 a	140.8±4.95 a	4.96±0.41 ab	6 745±372 a
DPC⁺ 高浓度	20.03±1.03 a	8.6±0.63 a	142.0±2.38 a	5.02±0.29 ab	7 120±128 a

续表 3.3

处理	收获株数/ ($10^4/hm^2$)	单株铃数/ (株/个)	总铃数/ ($10^4/hm^2$)	单铃重/g	籽棉产量/ (kg/hm²)
			新陆早 67 号		
不打顶	19.74±0.76 a	7.1±0.57 b	112.57±3.65 b	4.79±0.56 b	5 427±241 b
人工打顶	19.88±0.67 a	8.2±1.03 a	133.48±3.08 ab	5.25±0.37 a	6 657±56 a
DPC⁺ 低浓度	19.59±0.51 a	8.6±0.84 a	138.89±3.29 ab	5.04±0.34 ab	6 484±304 a
DPC⁺ 中浓度	19.74±0.88 a	8.5±0.85 a	138.30±4.85 ab	5.02±0.27 ab	6 747±200 a
DPC⁺ 高浓度	19.88±0.67 a	8.8±1.40 a	142.84±4.65 ab	5.12±0.39 ab	6 743±167 a

3.3.2　棉花单铃重和衣分的变化

化学打顶上部铃重较人工打顶有所下降,新陆早 61 号和新陆早 67 号上部果枝单铃重显著低于人工打顶处理。与不打顶比较,化学打顶处理植株上部单铃重有所提高,且新陆早 61 号、新陆早 67 号差异达到显著水平。化学打顶处理对棉花下部和中部铃重影响不显著,但下部铃重较人工打顶处理有一定的提高。植株不同部位衣分无显著差异。表 3.4 为不同浓度化学打顶剂对棉花植株不同部位铃重和衣分的影响。

表 3.4　不同浓度化学打顶剂对棉花植株不同部位铃重和衣分的影响

品种	处理	单铃重/g			衣分/%		
		上部	中部	下部	上部	中部	下部
新陆早 72 号	不打顶	4.81 b	5.27 b	5.35 a	39.93 a	40.55 a	39.08 a
	人工打顶	6.09 a	6.03 ab	4.99 a	41.38 a	41.08 a	39.55 a
	DPC⁺ 低浓度	5.53 ab	5.85 ab	5.31 a	41.33 a	40.95 a	39.18 a
	DPC⁺ 中浓度	5.47 ab	6.24 a	5.28 a	41.26 a	40.91 a	37.78 a
	DPC⁺ 高浓度	5.56 ab	6.00 ab	5.24 a	40.48 a	37.44 a	43.56 a
新陆早 61 号	不打顶	4.41 b	5.28 a	4.77 a	40.08 a	40.96 a	40.92 a
	人工打顶	5.65 a	5.39 a	4.88 a	41.23 a	41.41 a	41.74 a
	DPC⁺ 低浓度	4.68 b	5.43 a	5.13 a	40.40 a	39.79 a	40.48 a
	DPC⁺ 中浓度	4.76 b	5.34 a	4.79 a	40.80 a	41.26 a	41.03 a
	DPC⁺ 高浓度	4.78 b	5.33 a	4.94 a	40.51 a	40.91 a	40.91 a

续表 3.4

品种	处理	单铃重/g			衣分/%		
		上部	中部	下部	上部	中部	下部
新陆早 67 号	不打顶	4.35 c	5.38 a	4.65 a	44.9 a	49.7 a	48.44 a
	人工打顶	5.53 a	5.39 a	4.82 a	45.04 a	49.88 a	48.98 a
	DPC$^+$ 低浓度	4.74 b	5.39 a	4.98 a	44.6 a	49.67 a	48.05 a
	DPC$^+$ 中浓度	4.81 b	5.33 a	4.92 a	45.36 a	50.8 a	48.61 a
	DPC$^+$ 高浓度	4.73 b	5.39 a	5.24 a	45.9 a	49.43 a	48.03 a

3.3.3　棉花纤维品质的变化

化学打顶剂对棉花纤维品质的影响差异均不显著,化学打顶处理纤维长度较对照有所提高,整齐度无明显变化;不打顶的断裂比强度显著低于其他处理,高浓度打顶剂的断裂比强度较高。化学打顶不会造成纤维品质降低,也不会有显著的提高。表 3.5 为不同浓度化学打顶剂对棉花纤维品质的影响。

表 3.5　不同浓度化学打顶剂对棉花纤维品质的影响

处理	上半部平均长度/mm	整齐度指数/%	断裂比强度/(cN/tex)	马克隆值	伸长率/%
		新陆早 72 号			
不打顶	31.37±0.85 a	86.59±0.54 a	31.13±0.83 b	3.39±0.32 a	6.62±0.58 a
人工打顶	31.39±1.34 a	86.46±1.21 a	32.09±0.73 a	3.57±0.32 a	6.51±0.79 a
DPC$^+$ 低浓度	31.69±1.16 a	86.76±1.08 a	31.63±0.91 ab	3.52±0.40 a	6.54±0.42 a
DPC$^+$ 中浓度	31.86±0.74 a	86.78±0.88 a	31.57±1.14 ab	3.73±0.53 a	6.43±0.45 a
DPC$^+$ 高浓度	32.00±1.05 a	86.67±1.12 a	32.23±0.70 a	3.58±0.47 a	6.54±0.36 a
		新陆早 61 号			
不打顶	30.58±1.24 a	85.57±1.56 a	28.74±1.14 c	3.36±0.56 b	6.71±0.58 a
人工打顶	30.64±0.79 a	85.86±1.11 a	29.69±1.09 bc	3.81±0.36 a	6.58±0.63 a
DPC$^+$ 低浓度	30.93±1.03 a	85.74±1.19 a	29.99±1.18 ab	3.56±0.42 ab	6.62±0.51 a
DPC$^+$ 中浓度	30.87±0.66 a	85.97±1.22 a	31.11±1.67 a	3.74±0.40 ab	6.84±0.52 a
DPC$^+$ 高浓度	30.82±0.66 a	86.16±0.64 a	30.6±0.96 ab	3.56±0.21 ab	6.69±0.40 a

续表 3.5

处理	上半部平均长度/mm	整齐度指数/%	断裂比强度/(cN/tex)	马克隆值	伸长率/%
		新陆早 67 号			
不打顶	28.71±0.68 a	84.13±1.05 a	28.09±1.26 a	4.92±0.23 a	6.42±0.97 a
人工打顶	28.25±1.24 a	83.66±1.37 a	26.94±2.42 a	4.94±0.28 a	6.19±0.86 a
DPC⁺ 低浓度	28.51±0.87 a	84.44±1.60 a	28.07±1.27 a	4.91±0.30 a	6.47±0.88 a
DPC⁺ 中浓度	28.52±0.63 a	84.01±0.92 a	27.78±1.42 a	5.08±0.19 a	6.36±0.81 a
DPC⁺ 高浓度	28.72±0.90 a	84.32±1.42 a	28.12±1.54 a	4.98±0.28 a	6.29±1.02 a

3.3.4 棉铃分布特征的变化

化学打顶处理的单株结铃数要高于人工打顶和不打顶处理,主要表现在上部果枝铃数的增加,中部和下部棉铃数无显著差异,而化学打顶处理上部铃数高于其他处理,且显著高于不打顶处理。表 3.6 为不同浓度化学打顶剂对棉花植株不同部位棉铃分布的影响。

表 3.6　不同浓度化学打顶剂对棉花植株不同部位棉铃分布的影响

品种	处理	单铃重/g		
		上部	中部	下部
新陆早 72 号	不打顶	1.47 b	2.80 a	2.67 a
	人工打顶	2.20 a	3.13 a	2.35 a
	DPC⁺ 低浓度	2.47 a	3.07 a	2.80 a
	DPC⁺ 中浓度	2.53 a	3.07 a	2.87 a
	DPC⁺ 高浓度	2.60 a	2.87 a	2.93 a
新陆早 61 号	不打顶	1.60 b	2.87 a	2.53 a
	人工打顶	2.13 ab	2.93 a	2.27 a
	DPC⁺ 低浓度	2.60 a	3.00 a	2.80 a
	DPC⁺ 中浓度	2.47 a	3.07 a	2.93 a
	DPC⁺ 高浓度	2.53 a	3.00 a	3.07 a

续表 3.6

品种	处理	单铃重/g		
		上部	中部	下部
新陆早 67 号	不打顶	1.30 c	3.00 a	2.80 a
	人工打顶	2.30 bc	3.10 a	2.80 a
	DPC$^+$ 低浓度	2.70 ab	3.00 a	2.90 a
	DPC$^+$ 中浓度	2.60 ab	3.00 a	2.90 a
	DPC$^+$ 高浓度	2.90 a	3.00 a	2.90 a

3.4　化学打顶棉花的养分吸收规律

3.4.1　施氮量对化学打顶棉花氮素积累与分配的影响

施用氮素是一项重要的增产措施,如何合理有效地施氮仍为棉花高产高效一个重要的课题。有关人工打顶条件下氮素施用量对棉花农艺性状、经济性状、干物质积累、氮素吸收、光合特性、叶绿素荧光参数、纤维品质等影响的研究较多,但有关施氮量对化学打顶棉花养分吸收的研究较少。因此,研究施氮量对化学打顶棉花养分吸收与积累的影响,可为化学打顶棉花进行合理氮肥运筹,改善棉花光合性能,提高产量与品质提供理论依据,同时可为推进棉花全程机械化发展提供技术基础。

田间小区试验采用裂区设计。主区为施氮量,设 0、100、200、300、400 kg/hm^2,共 5 个施氮(纯氮)水平,分别用 N0、N1、N2、N3、N4 表示;副区为打顶方式,共设人工打顶和化学打顶两种打顶方式,滴水量为 4 800 m^3/hm^2。每次施肥随水滴施,共滴施 8 次。施用的肥料为尿素(N 46%)。基肥:尿素施用总量的 30%;追肥:尿素施用总量的 70%(具体施肥量见表 3.7)。采用机采棉种植模式,1 膜 6 行,滴灌种植,行距配置(66+10)cm,小区面积 66.7 m^2,重复 3 次。4 月 12 日播种,7 月 1 日打顶,两种打顶方式同一天进行,化学打顶剂(剂量为 750 mL/hm^2)采用背负式喷雾器喷施。小区其他管理随大田。

表 3.7　各处理施氮量情况　　　　　　　　　　　　　　　　kg/hm²

处理	基肥	各时期纯氮用量							
		6月上旬	6月中旬	6月下旬	7月上旬	7月中旬	7月下旬	8月上旬	8月中旬
N0(0)	0	0	0	0	0	0	0	0	0
N1(100)	30	2.5	7.5	12.5	12.5	12.5	12.5	7.5	2.5
N2(200)	60	5	15	25	25	25	25	15	5
N3(300)	90	7.5	22.5	37.5	37.5	37.5	37.5	22.5	7.5
N4(400)	120	10	30	50	50	50	50	30	10

　　两种打顶方式下各施氮处理棉株各器官氮素积累量随打顶后生育进程的推移而变化,各处理总氮素积累量在打顶后 60 d 达最大值(表 3.8)。在打顶 0 d 时,棉花氮素积累总量表现出 N4>N3>N2>N1>N0,在打顶后 60 d,化学打顶棉花仍表现出此特征,但人工打顶棉花未表现出此现象,表现出 N3>N4>N2>N1>N0,表明化学打顶棉花在 0～400 kg/hm² 氮肥施用量条件下,氮素积累量与施氮量成正比,人工打顶棉花在过多施氮量条件下不能有效利用氮素,造成 N4 氮素积累量少于 N3;同等施氮量条件下,化学打顶棉花氮素吸收总量同样高于人工打顶棉花,说明化学打顶可以提高棉花对氮素的积累量。

　　打顶后 10 d,化学打顶棉花在同等施氮量条件下,表现出氮素积累总量和营养器官氮素积累量略少于人工打顶的现象,在 20 d 后化学打顶棉花氮素积累总量逐渐与人工打顶棉花持平,说明化学打顶剂在打顶后 10 d 内对棉花氮素积累有抑制作用,之后抑制作用开始逐渐减弱。随着打顶后时间的推移,化学打顶棉花营养器官氮素积累量向生殖器官的转移少于人工打顶棉花,这可能与棉花顶端仍有生长有关。表 3.8 为棉花各器官氮素积累与分配。

表 3.8　棉花各器官氮素积累与分配

天数/d	处理		氮素积累量/(kg/hm²)				氮素分配比例/%		
			总量	茎	叶	蕾/铃	茎	叶	蕾/铃
0	未打顶	N0	82.99 e	23.33 e	37.59 b	12.07 e	36.72	40.54	22.74
		N1	90.17 cd	37.56 c	38.03 b	14.58 c	39.94	40.44	19.62
		N2	92.16 c	36.28 cd	41.61 b	14.27 cd	39.36	45.15	15.49
		N3	112.91 a	46.39 a	48.07 a	18.45 ab	42.54	44.09	13.37
		N4	108.43 b	39.32 b	49.71 a	19.40 a	38.89	49.17	11.94
10	人工打顶	N0	113.72 ef	24.20 h	61.44 e	28.08 ab	21.28	54.03	24.69
		N1	109.80 ef	28.91 fg	50.91 gh	29.98 ab	26.33	46.36	27.30
		N2	137.57 bc	36.90 cd	69.46 bcd	31.20 a	26.82	50.49	22.68
		N3	138.56 bc	37.00 c	72.24 bc	29.32 ab	26.70	52.14	21.16
		N4	149.64 a	41.16 ab	79.15 a	29.33 ab	27.51	52.89	19.60
	化学打顶	N0	104.92 g	25.59 h	52.56 g	26.78 bc	24.39	50.09	25.52
		N1	113.82 e	29.27 f	57.46 f	27.09 bc	25.72	50.48	23.80
		N2	129.53 d	34.34 e	68.88 bcd	26.31 bcd	26.51	53.17	20.31
		N3	140.95 ab	41.59 a	70.38 bc	28.99 ab	29.50	49.93	20.57
		N4	144.10 ab	40.97 ab	74.31 b	28.82 ab	28.43	51.57	20.00
20	人工打顶	N0	164.00 ef	37.72 cde	67.04 bcd	59.24 cde	23.00	40.88	36.12
		N1	161.01 f	35.94 e	63.37 d	61.70 cd	22.32	39.36	38.32
		N2	174.42 d	39.22 bcd	70.59 bc	64.62 bc	22.48	40.47	37.05
		N3	171.29 de	43.56 abc	69.61 bc	58.12 cde	25.43	40.64	33.93
		N4	194.19 a	45.36 ab	72.94 ab	75.89 a	23.36	37.56	39.08
	化学打顶	N0	143.63 h	38.55 cd	62.01 e	43.07 f	26.84	43.17	29.99
		N1	152.29 g	41.79 bc	68.07 bcd	42.42 fg	27.44	44.70	27.86
		N2	166.68 e	39.59 bcd	70.92 bc	56.17 e	23.75	42.55	33.70
		N3	180.68 c	46.75 a	72.52 ab	61.41 cd	25.87	40.14	33.99
		N4	186.98 b	46.75 a	73.32 a	66.90 b	25.01	39.21	35.78

续表 3.8

天数 /d	处理		氮素积累量/(kg/hm²)			氮素分配比例/%		
			总量	茎	叶	蕾/铃	茎	叶	蕾/铃
40	人工打顶	N0	161.08 g	32.72 g	52.72 h	75.63 g	20.32	32.73	46.95
		N1	174.66 f	32.67 g	58.67 f	83.31 f	18.71	33.59	47.70
		N2	194.43 e	34.41 f	54.41 fg	105.61 d	17.70	27.98	54.32
		N3	204.17 de	35.17 ef	55.17 fg	113.83 c	17.23	27.02	55.75
		N4	225.46 c	36.10 e	66.10 d	123.26 b	16.01	29.32	54.67
	化学打顶	N0	156.79 h	41.36 cd	63.36 de	52.07i	26.38	40.41	33.21
		N1	172.16 fg	41.82 cd	61.82 def	68.52 h	24.29	35.91	39.80
		N2	210.86 d	42.28 c	72.28 c	96.29 e	20.05	34.28	45.67
		N3	235.67 b	46.21 b	76.21 b	113.24 c	19.61	32.34	48.05
		N4	258.09 a	48.21 a	81.21 a	128.67 a	18.68	31.47	49.85
60	人工打顶	N0	156.12 h	26.01 ef	43.96 d	86.16 i	16.66	28.16	55.19
		N1	172.66 g	27.05 ef	41.88 de	103.73 h	15.66	24.26	60.08
		N2	202.58 e	26.73 ef	38.29 fg	137.56 f	13.20	18.90	67.90
		N3	229.12 c	35.39 bc	38.42 f	155.30 b	15.45	16.77	67.78
		N4	218.00 d	35.00 bc	37.95 fg	145.05 de	16.05	17.41	66.54
	化学打顶	N0	160.98 h	28.88 e	42.96 de	89.14 i	17.94	26.69	55.37
		N1	187.88 f	25.70 fg	38.20 fg	123.98 g	13.68	20.33	65.99
		N2	228.98 c	32.11 d	49.04 c	147.83 cd	14.02	21.42	64.56
		N3	243.46 b	38.78 ab	53.50 b	151.17bc	15.93	21.97	62.10
		N4	267.09 a	38.43 ab	62.55 a	166.11 a	14.39	23.42	62.19

3.4.2　滴水频次对化学打顶棉花氮素积累与分配的影响

棉株叶片与茎秆中的氮素积累基本规律为随着生育进程的推进逐渐增加,在盛铃期前后达到最大值,然后开始下降,表现为由低到高再到低的抛物线变化。而棉株蕾铃中的氮素积累是一个逐渐增大的过程。同一时间下滴水频次与氮素积累具有一定的正相关性,化学打顶各时期氮素积累总量大于人工打顶,且同一时间下化学打顶氮素积累总量及各处理茎叶、蕾铃氮素积累量大部分大于人工打顶。以上结果表明,滴水频次的增加及化学打顶有助于棉株氮素的吸收利用。表 3.9 为不同滴水频次下棉花各器官氮素积累的动态变化。

表 3.9　不同滴水频次下棉花各器官氮素积累的动态变化

调查时间	处理	氮素积累量/(kg/hm²)			氮素分配比例/%	
		总量	茎/叶	蕾/铃	茎/叶	蕾/铃
打顶后 0 d	6C	84.31 b	62.88 b	21.42 a	74.57	25.43
	6M	79.85 b	62.32 b	17.52 b	77.96	22.04
	8C	88.98 b	80.48 b	8.49 f	90.23	9.77
	8M	77.85 b	66.75 b	11.10 e	85.73	14.27
	10C	134.20 a	117.81 a	16.35 bc	86.93	13.07
	10M	86.30 b	69.72 b	16.58 bc	80.39	19.61
	12C	95.69 b	80.33 b	15.36 cd	83.91	16.09
	12M	93.71 b	79.81 b	13.91 d	58.7	14.97
打顶后 10 d	6C	90.879 e	53.43 e	37.45 bc	54.92	41.3
	6M	111.61 de	61.03 de	50.58 bc	47.24	45.08
	8C	164.64 ab	76.81 c	87.84 a	57.77	52.76
	8M	116.98 cde	66.98 d	49.99 bc	65.73	42.23
	10C	141.47 bc	90.03 b	51.44 bc	66.45	34.27
	10M	167.35 a	111.81 a	56.51 b	75.89	33.55
	12C	116.15 cde	88.13 b	28.02 c	71.47	24.11
	12M	131.31 cd	93.87 b	37.43 bc	71.5	28.53
打顶后 20 d	6C	207.79 b	110.61 bc	97.18 a	53.15	46.85
	6M	204.33 b	119.77 b	84.53 b	58.64	41.36
	8C	183.61 c	110.73 bc	72.87 c	60.24	39.76
	8M	173.15 c	90.39 d	82.76 b	52.22	47.78
	10C	167.98 cd	107.68 bc	60.29 d	64.09	35.91
	10M	170.41 cd	101.11 cd	69.30 c	59.32	40.68
	12C	256.74 a	168.92 a	87.81 b	65.77	34.23
	12M	153.38 d	102.36 cd	51.75 e	66.66	33.34

续表 3.9

调查时间	处理	氮素积累量/(kg/hm²)			氮素分配比例/%	
		总量	茎/叶	蕾/铃	茎/叶	蕾/铃
打顶后 31 d	6C	438.71 a	95.83 c	342.84 a	25.93	74.07
	6M	361.30 b	106.72 c	255.57 bc	29.64	70.36
	8C	378.66 b	151.08 ab	228.57 c	40.23	59.77
	8M	389.85 b	109.37 c	280.48 b	28.06	71.94
	10C	371.55 b	146.49 b	225.06 c	39.43	60.57
	10M	302.36 c	155.27 ab	147.08 d	51.36	48.64
	12C	405.19 ab	165.99 a	239.20 c	40.92	59.08
	12M	405.91 ab	164.65 a	241.25 c	40.56	59.44
打顶后 41 d	6C	257.24 d	114.43 de	142.81 e	44.5	55.5
	6M	346.55 c	108.58 e	238.97 c	31.03	68.97
	8C	487.93 a	147.23 b	340.72 a	30.21	69.79
	8M	440.19 b	123.68 cde	317.53 ab	27.75	72.25
	10C	352.28 c	142.15 bc	210.12 cd	40.62	59.38
	10M	431.31 b	131.62 bcd	300.69 b	30.24	69.76
	12C	494.01 a	198.91 a	296.11 b	40.19	59.81
	12M	331.03 c	141.16 bc	189.86 d	42.7	57.3
打顶后 51 d	6C	405.11 de	126.93 d	278.18 bcd	31.47	68.53
	6M	368.15 e	104.73 e	263.41 cd	28.47	71.53
	8C	513.94 adc	175.79 bc	338.15 abc	34.33	65.67
	8M	441.55 ab	146.08 d	295.47 abc	33.38	66.62
	10C	562.11 ab	194.15 abc	367.94 ab	34.58	65.42
	10M	584.27 a	197.32 ab	386.95 a	33.82	66.18
	12C	390.69 de	199.23 a	191.49 d	56.52	43.48
	12M	470.65 bcd	173.38 c	297.27 abc	36.84	63.16

注:总滴水量及氮肥施用量均为北疆棉花目前认为的最优施用量,分别是 4 800 m³/hm² 、300 kg/hm²(纯氮);在总滴水量不变的情况下,将滴水频次按梯度划分为 6 次、8 次、10 次、12 次;人工打顶以 M 表示,化学打顶以 C 表示。

3.4.3 植物生长调节复配对棉花氮、磷、钾吸收累积的影响

目前,各种植物生长调节已经在作物上广泛应用,但针对化学打顶棉花研究鲜有报道。因此,本研究分析了不同植物生长调节剂复配处理对棉花养分累积等的影响,探究不同植物生长调节剂复配对棉花养分累积的调控效应,筛选出有利于化学打顶棉花养分累积的复配配方,为新疆棉花高产栽培技术提供切实可行的理论依据。

本研究依据前期试验结果,设置 5 个处理,以复硝酚钠 15 mL/hm²(CK1)为基础,分别添加萘乙酸钠 15 mL/hm²(T1)、调环酸钙 30 mL/hm²(T2)和胺鲜酯 30 mL/hm²(T3),同时设置清水对照(CK2)处理,分别于棉花化学打顶前后 10 d 各喷施一次。

1. 不同植物生长调节复配对棉花全氮吸收累积的影响

由表 3.10 可知,不同植物生长调节复配处理对棉花叶、茎、蕾+花、铃氮积累量影响一致,棉花不同部位的氮积累量均提高。

不同植物生长调节复配处理后棉花叶片中全氮积累量呈现先增加后下降的趋势,在施药后 10~20 d,叶片中氮积累量呈现增加趋势,20 d 后叶片中氮含量逐渐下降。在第 10 天时,叶片中氮积累量出现差异,且达到显著性,T1 和 T2 处理显著降低了棉花叶片中的全氮含量。在施药后第 20 天,各处理氮积累量显著高于CK2,其中处理 T3 含量最高,为(35.11±0.77)g/kg,相较于 CK2 增加了10.30%。在施药后 30~40 d,处理 T1 和 T3 较 CK1 和 CK2 叶片氮积累量高,且达到显著性差异,其中处理 T3 氮积累量最高,为(26.59±0.43)g/kg。

不同植物生长调节复配处理对棉花茎秆中氮积累量的影响不一致。在第 10 天时,T1 处理全氮积累量显著高于其他处理。随着时间的增加,各处理的氮积累量减少。在第 20 天时,处理 T1 氮积累量最高,与其他处理间有差异,但不显著。在第 40 天时,不同植物生长调节复配处理氮积累量显著高于对照,其中处理 T3 含量最高,为(13.05±0.63)g/kg,较 CK1 增加了 50%,较 CK2 增加了 30.18%。

喷施植物生长调节复配处理提高了棉花蕾和花中的氮积累量。在第 10 天时,T3 处理显著提高了蕾和花中的全氮含量。在第 20 天时,各植物生长调节复配处理均显著提高了蕾和花中的全氮含量。在第 30 天时,处理 T1 和 T2 含量最高。

表 3.10　不同外源物质复配对棉花全氮吸收累积的影响　　　　　　　　g/kg

部位	处理	施药后天数/d			
		10	20	30	40
叶	T1	27.92±0.55 b	33.93±0.43 a	27.02±1.28 a	25.39±0.53 ab
	T2	27.31±0.74 b	33.67a±0.99 a	25.04±1.36 b	24.98±0.62 bc
	T3	29.80±0.82 a	35.11±0.77 a	27.11±0.73 a	26.59±0.43 a
	CK1	29.09±0.56 a	34.31±1.66 a	25.21±0.88 b	24.39±0.49 cd
	CK2	29.82±0.59 a	31.83±0.94 b	24.97±0.82 b	23.61±0.95 d
茎	T1	19.87±0.61 a	16.91±0.94 a	9.87±0.84 a	10.70±0.81 b
	T2	16.11±0.61 c	15.58±0.82 b	9.98±0.65 a	10.71±0.75 b
	T3	17.9±1.157 b	15.96±0.52 ab	10.78±0.68 a	13.05±0.63 a
	CK1	17.15±0.78 bc	15.53±0.73 b	10.34±0.76 a	8.70±0.44 c
	CK2	15.89±0.62 c	16.19±0.98 ab	10.08±0.78 a	9.45±0.47 c
蕾+花	T1	27.56±1.13 b	28.40±0.82 ab	22.10±1.02 ab	—
	T2	27.46±0.68 b	26.92±0.124 ab	22.5±1.405 a	—
	T3	28.95±0.68 a	28.62±1.60 ab	21.15±0.98 ab	—
	CK1	24.85±1.10 c	26.62±0.68 c	22.00±0.91 a	—
	CK2	27.53±0.93 b	25.39±1.50 c	21.00±0.72 b	—
铃	T1	28.92±0.75 b	28.83±0.37 ab	14.54±0.71 b	17.40±0.27 a
	T2	31.58±1.34 a	29.90±1.32 a	14.30±0.36 b	16.04±0.60 c
	T3	25.94±0.95 d	29.48±1.11 a	15.49±0.38 a	16.76±0.54 b
	CK1	27.20±0.50 c	27.91±1.16 b	15.49±0.52 a	15.14±0.64 d
	CK2	27.44±0.80 c	28.06±0.92 b	14.90±0.59 ab	16.11±0.22 c

　　不同植物生长调节复配处理有效地调节了棉铃中的氮积累量,在施药后 10 d 出现差异,且达到显著性。在施药后 20 d,各植物生长调节处理棉铃中全氮含量均高于对照处理,且 T2 和 T3 处理与对照间达到显著性差异。施药后 30 d,各处理棉铃中全氮含量明显下降,处理 T1、T2 含量显著低于对照。施药后 40 d,处理 T1、T3 含量显著高于对照,T1 处理较 CK1 处理增加了 14.93%,T1 处理较 CK2 处理增加了 8.01%,T1 处理全氮含量最高,为(17.40±0.27) g/kg。

　　这说明适宜的植物生长调节复配有利于促进棉花对氮的吸收,增加全氮积累量,尤其是增加生殖器官(蕾、花、铃)中的氮含量。

2.不同植物生长调节复配对棉花全磷吸收累积的影响

由表 3.11 可知,不同植物生长调节复配处理对棉花叶、茎、蕾＋花、铃中磷积累量影响不同。

表 3.11　不同外源物质复配对棉花全磷吸收累积的影响　　　　　g/kg

部位	处理	施药后天数/d			
		10	20	30	40
叶	T1	5.78±0.14 b	10.08±0.55 ab	7.34±0.36 a	8.37±0.39 a
	T2	5.32±0.29 c	9.63±0.44 bc	6.11±0.31 c	6.90±0.48 b
	T3	6.20±0.21 a	10.82±0.66 a	6.90±0.53 b	7.90±0.58 a
	CK1	5.08±0.22 c	9.26±0.46 c	6.31±0.36 c	8.03±0.17 a
	CK2	5.63±0.20 b	10.81±0.57 b	6.68±0.60 b	7.05±0.60 b
茎	T1	3.72±0.29 ab	3.78±0.46 a	3.03±0.34 a	4.96±0.15 a
	T2	3.53±0.33 b	3.77±0.25 a	2.88±0.25 a	4.92±0.15 a
	T3	3.94±0.17 a	3.81±0.27 a	2.78±0.09 a	4.91±0.05 a
	CK1	3.93±0.24 a	4.02±0.08 a	2.76±0.07 a	4.83±0.15 a
	CK2	3.41±0.15 b	4.09±0.22 a	3.04±0.10 a	3.68±0.16 c
蕾＋花	T1	10.83±0.57 b	10.68±0.90 a	11.54±0.69 a	—
	T2	12.09±0.65 a	10.01±0.68 ab	11.21±0.70 a	—
	T3	11.74±0.68 ab	8.87±0.55 b	11.52±1.03 a	—
	CK1	10.99±1.85 b	8.66±0.51 b	11.53±0.68 a	—
	CK2	10.71±0.69 b	8.48±0.46 b	10.61±0.51 a	—
铃	T1	11.43±0.71 a	9.53±0.60 ab	7.63±0.34 a	8.77±0.21 a
	T2	11.80±0.91 a	8.91±0.31 b	7.51±0.58 ab	7.70±0.12 c
	T3	11.69±0.45 a	9.58±0.71 a	7.64±0.64 a	8.33±0.28 b
	CK1	12.21±0.30 a	10.11±0.62 a	7.44±0.72 ab	7.82±0.10 c
	CK2	11.33±0.60 a	9.47±0.75 ab	7.33±0.23 ab	8.31±0.26 b

不同植物生长调节复配对棉花叶片中全磷含量影响在第 10 天时出现差异,且达到显著性,T3 处理显著提高全磷含量。在施药 20～40 d,处理 T1 和 T3 增加了

棉花叶片中磷的积累量,处理 T2 降低了叶片中磷的积累量。在第 20 天时,不同植物生长调节复配处理降低了茎秆中的全磷含量,处理 T1、T2、T3 较 CK1 分别降低了 5.97%、6.22%、5.22%,较 CK2 分别降低了 7.58%、7.82%、6.85%。在第 40 天时,不同植物生长调节复配处理均显著提高了棉花茎秆中的全磷含量,其中处理 T1 含量最高,为(4.96±0.15)g/kg。

不同植物生长调节复配处理对棉花蕾和花的影响一致,均增加了棉花蕾和花中的养分含量。在第 10 天时出现差异,且达到显著性,其中 T2 处理磷积累量最高,较 CK1 处理增加了 10.01%,较 CK2 处理增加了 12.89%。在第 20 天时,各处理间磷积累量均高于对照处理,处理 T1 和 T2 全磷含量较高。在第 30 天时,各处理间差异减小,各植物生长调节处理全磷含量均高于清水处理。

不同植物生长调节复配处理对棉花棉铃中的磷积累量影响不同,在第 20 天时出现显著性差异,处理 T2 降低了棉铃中的磷积累量。在第 40 天时,处理 T1 显著增加了全磷含量,且全磷含量最高,处理 T2 棉铃全磷含量最低。

这说明适宜的植物生长调节复配有利于增加棉花的磷积累量,尤其是增加生殖器官(蕾、花、铃)中的含量,从而促进棉花发育。

3. 不同植物生长调节复配对棉花全钾吸收累积的影响

由表 3.12 可知,不同植物生长调节复配处理对棉花叶、茎、蕾+花、铃中钾积累量影响不一致。

不同植物生长调节复配处理在第 20 天时降低了棉花叶片中钾的积累量,且达到显著性,其中处理 T2 钾积累量最低。在第 30 天时,处理 T1 和 T2 显著提高了叶片中的全钾含量,其中处理 T2 含量最高,较 CK1 提高了 40.27%,较 CK2 提高了 12.91%,T3 显著降低了叶片中钾的积累量。

随着施药后时间的增加,不同植物生长调节复配处理对棉花茎秆中全钾积累量的影响不一致。在第 10 天时,显著增加了钾积累量;第 20 天时,各处理间差异消失;在施药 30~40 d 时,处理 T3 显著增加了钾积累量,在第 30 天时较 CK1 增加了 19.08%,较 CK2 增加了 17.76%。

不同植物生长调节复配处理对棉花蕾和花中钾积累量的影响呈现先减少后增加的趋势。各处理在第 10 天时就出现差异,处理 T1 和 T2 降低了全钾含量。在第 20 天时,处理 T1 和 T2 显著提高了棉花蕾和花中的钾积累量,T1 处理较 CK1

增加了 18.48％，较 CK2 增加了 16.85％，T2 处理较 CK1 增加了 12.63％，较 CK2
增加了 11.08％。在第 30 天时，T2 处理棉花的蕾和花中的钾积累量最高，为
(23.57±1.16) g/kg。

表 3.12 不同外源物质复配对棉花全钾吸收累积的影响 g/kg

部位	处理	施药后天数/d			
		10	20	30	40
叶	T1	21.48±0.73 a	22.79±0.55 b	19.95±1.26 a	18.29±0.65 b
	T2	21.56±0.86 a	21.79±0.80 b	20.55±1.49 a	18.63±0.48 ab
	T3	20.29±1.37 a	22.22±1.42 b	16.43±1.06 c	16.77±0.48 c
	CK1	21.05±1.12 a	22.45±0.71 b	14.65±1.00 d	19.26±0.40 a
	CK2	22.78±1.59 a	25.28±1.10 a	18.20±0.51 b	16.77±0.53 c
茎	T1	38.67±0.93 a	37.46±1.58 a	21.87±1.40 c	28.30±0.68 b
	T2	38.73±1.12 a	37.39±0.74 a	23.65±1.42 b	28.44±0.73 b
	T3	38.66±1.88 a	37.62±1.56 a	28.65±1.83 a	30.53±0.57 a
	CK1	36.02±0.83 b	37.71±1.51 a	24.06±0.89 b	30.17±0.45 a
	CK2	37.56±0.88 ab	38.89±0.61 a	24.33±0.90 b	28.78±0.44 b
蕾+花	T1	25.14±0.90 b	25.52±0.74 a	20.10±1.14 b	—
	T2	25.56±0.39 ab	24.26±0.932 a	23.57±1.16 a	—
	T3	26.81±0.59 a	20.90±1.15 b	21.11±0.56 b	—
	CK1	27.46±1.61 a	21.54±1.59 b	20.80±0.79 b	—
	CK2	27.83±1.53 a	21.84±1.18 b	20.46±1.08 b	—
铃	T1	27.67±1.70 a	23.18±1.23 a	15.83±0.60 b	15.05±0.41 ab
	T2	25.38±0.8 b	22.65±1.18 a	16.57±0.81 ab	14.78±0.44 c
	T3	25.24±0.32 b	24.67±0.89 a	17.30±0.515 a	15.13±0.13 ab
	CK1	24.33±0.44 bc	23.15±0.70 a	15.81±0.28 b	15.73±0.20 a
	CK2	23.89±0.95 c	20.23±1.33 b	16.26±0.77 b	15.60±0.40 a

　　不同植物生长调节复配处理显著提高了棉铃中钾的积累量。在第 10 天时，处
理 T1 中钾的积累量显著高于其他处理，比 CK1 增加了 13.73％，比 CK2 增加了
15.82％。在第 20 天时，各处理显著提高了棉铃中钾的积累量。在第 30 天时，处

理 T3 的钾积累量显著高于对照处理,较 CK1 增加了 9.42%,较 CK2 增加了 6.40%。但在第 40 天时各处理的钾积累量低于对照处理,其中处理 T2 低于对照,且达到显著性。

这说明不同植物生长调节剂复配能够调节棉花不同部位中的钾积累量,促进营养生长向生殖生长的转化,从而促进棉铃的发育,为棉花增产提供潜力。

第 4 章

生产上应用的主要化学打顶剂

近几年由于人工短缺,用工成本高,加上化学打顶剂技术的成熟完善,化学打顶作为人工打顶的替代措施,相关研究备受关注,相关产品也不断出新,至今已有几十种。越来越多的棉农在棉花打顶这个关键环节选择用药剂代替人工。但是在实际应用中,很多棉农对于药剂的成分和厂家知之甚少。根据产品有效成分,化学打顶剂可划分为以下几类。

4.1 甲哌鎓类

甲哌鎓类化学打顶剂可以调控赤霉素合成关键基因 CPS 的表达,进而降低植物体内赤霉素的生物合成,从而抑制细胞伸长,造成棉花主茎顶芽长势减弱,最终实现棉花打顶。甲哌鎓是多年成熟产品,在棉花的生长调控上起到不可代替的作用。

其优点明显,表现为作用效果比较温和,不易产生药害,使用技术成熟,农民易于掌握等;但其也存在持效期短,喷施过量会造成棉叶肥厚、棉铃夹壳、顶部蕾铃脱落和后期脱叶困难等问题。因此,也有单位开发了增效甲哌鎓(DPC$^+$),不仅药效期延长,而且很快可以看到效果。产品中含有可轻微伤害植物幼嫩组织的助剂,对棉株的控长强度略高于普通的 98%DPC 粉剂,其化学打顶效果在新疆棉花生产中已得到肯定,在黄河流域和长江流域棉区也已开展研究。现在市场上以甲哌鎓为主要成分的打顶剂产品包括自封鼎、向铃转、金棉等(图 4.1)。

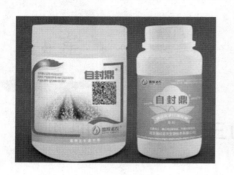

图 4.1 甲哌鎓类棉花化学打顶剂

同时,研究表明,普通 98% DPC 粉剂也有一定的打顶效果,在黄河流域棉区河北河间、邯郸,山东德州、滨州 4 个试验点开展常规 DPC 化学打顶试验(图 4.2)。通过试验研究表明在 76 cm 等行距 9.0 万株/hm² 种植模式下,盛花期使用不超过 180 g/hm² 的 DPC 进行棉花化学打顶可替代人工打顶,以实现塑型打顶,且对棉花熟性、产量和品质及脱叶效果无不利影响,生产风险最小。此外,为了在使用脱叶催熟剂后达到机采所需的脱叶率要求,植棉者应在生长后期(八月和九月),通过筛选适宜的机采品种和精心的栽培管理,减少品种的营养枝和二次生长。

4.1.1 产品一:自封鼎——河北国欣诺农生物技术有限公司

自封鼎为 98% 甲哌鎓及助剂,规格有 300 g 自封鼎+200 mL 自封鼎助剂、750 g 自封鼎+500 mL 自封鼎助剂两种。

自封鼎专为棉花化学打顶研发设计,只需叶面喷施一次即可诱导棉花自打顶,效果稳定不反弹,同时可塑造机采棉高产理想株型和冠层结构,增强棉花光合作用,促进养分向棉铃转化,从而膨大蕾、多开花、多成铃、结大铃,提高棉花结铃率,让果枝多结双铃、三铃。

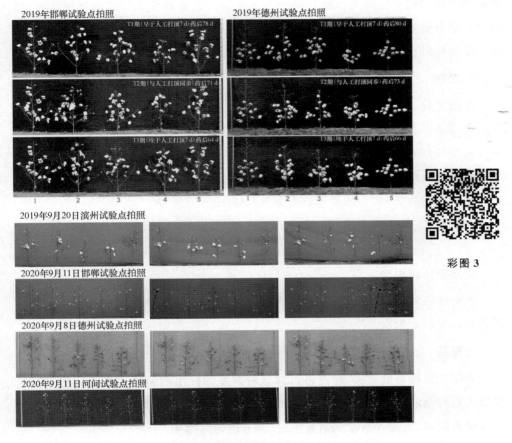

图 4.2　DPC 化学打顶对株型的影响

注：1～5 分别表示清水对照，98％ DPC 粉剂 90 g/hm²，98％ DPC 粉剂
180 g/hm²，98％ DPC 粉剂 270 g/hm²，人工打顶。

与人工打顶相比，使用自封鼎后分枝上、下部果枝上的小棉铃、畸形棉铃都能成大铃，吐大絮，进而提高棉花的产量与品质。同时，自封鼎应用方法简便，对棉花更安全有益，几乎不产生药害，超低量使用、绿色清洁无残留，真正做到了省钱、省工、省心、增产、增效、增收。

1. 使用剂量

粉剂甲哌鎓 15 g/亩，自封鼎液体助剂 10 mL/亩；对甲哌鎓不敏感的棉花品种和长势过旺的棉田应适当增加10％～20％剂量。在新疆无人机施药比较普遍,施用自封鼎每亩用水量达到1 000 g以上相对效果更为突出,如果条件允许,在使用无人机施药时建议每亩兑水1 200 g以上。

2. 时间

北疆7月1—15日,棉株有8～9台果枝。

南疆7月5—20日,棉株有8～10台果枝。

棉花株高65～75 cm、下部2～4台果枝开花时应用增产潜力最大。

化学打顶前3～7 d,国欣诺农甲哌鎓剂量3～8 g/亩。

化学打项后5～7 d,国欣诺农甲哌鎓剂量10～15 g/亩。

对后期长势过旺的棉田,可再追加一次化控,国欣诺农甲哌鎓剂量10～15 g/亩。

3. 水肥协调配套

水肥按照高产栽培要求进行,不宜缺水缺肥,也不宜水肥过猛,遇高温天气注意适当增加滴水频次。

4. 配药

采用二次稀释的方法,即先将自封鼎粉剂在加好水的容器内进行溶解、稀释,再加入自封鼎液体助剂,搅拌均匀,稀释成母液,待喷雾罐内加入近半罐清水时,将母液倒入罐中,再加入清水到适宜位置,充分混匀后喷施。

兑水要求:机械施药,每亩兑水25～30 kg;无人机施药,每亩兑水700～1 200 g。水质中性(pH 6.5～7.5)、洁净为佳。

5. 喷施方法

机械施药,喷头高于棉株顶部25 cm以上,药液雾化良好,均匀喷施于棉田冠层;无人机施药,飞行高度建议不低于2.5 m。不重喷、不漏喷。

6. 喷施时间

选择晴天、无大风天气进行,喷施时间在12:00之前或18:00后,避免在中午最热时进行。如果喷施后8 h内遇雨,需补喷。

图 4.3 为自封鼎产品效果展示。

自封鼎打顶(左)与人工打顶对比

2020年三坪农场化学打顶(右)与不打顶棉花对照

CK　　　　化学
化学打顶和不打顶顶部成铃情况

CK　化学　　人工
不同打顶方式倒一叶片颜色不同

彩图 4

CK 化学　　人工
不同方式顶端情况

左边人工打顶，右边化学打顶(化学打顶颜色深)

图 4.3　自封鼎产品效果展示

4.1.2 产品二:向铃转——中化股份有限公司

向铃转为甲哌鎓+专利助剂,甲哌鎓含量 250 g/L。使用时遵循"枝到不等时、时到不等枝"的原则,北疆棉区为 7 月 1—15 日,棉花有 8~9 台果枝;南疆棉区为 7 月 1—20 日,棉花有 8~10 台果枝;下部 2~4 台果枝开花时应用,丰产潜力最大。

一般棉田推荐 50 mL/亩;针对旺长的棉田,可适当加大剂量,增加 10%~20%。兑药:二次稀释。喷药:机车施药,采用平喷,每亩兑水 30 kg;无人机施药,每亩兑水 1.2 kg 以上。

图 4.4 为向铃转产品效果展示。

彩图 5

图 4.4　向铃转产品效果展示

图 4.5 为使用向铃转打顶和人工打顶的效果对比。

彩图 6

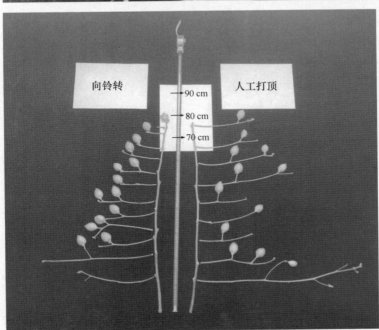

图 4.5　使用向铃转打顶和人工打顶的效果对比

4.2　氟节胺类

　　氟节胺为接触兼局部内吸性植物生长延缓剂,植物吸收快,作用迅速,主要影响植物体内酶系统功能,增加叶绿素与蛋白质含量。氟节胺不抑制棉花顶芽细胞的伸长,但可以抑制棉花顶芽细胞的分裂,从而起到打顶尖和侧尖的作用。氟节胺最早应用在烟草上来控制赘芽的产生,后引用到棉花上用于控制果枝和叶枝的伸长以及改变果枝和主茎的夹角,起到塑株型和抑制棉花顶芽生长的作用。

　　氟节胺对棉花比较安全,仅作用于生长点,不会影响棉花内源激素的平衡,避免了棉花叶片肥厚和早衰现象的发生;同时其药效期较甲哌鎓类打顶剂长,后期出现二次生长及返青的概率小。氟节胺一般分两次施用,北疆于 6 月中旬第一次施用,达到"瘦身塑型"作用,7 月初第二次施用,达到"打顶"作用。应用时切勿随意加大剂量,否则会对棉花顶部叶片有药害,易造成顶部叶片黄化、皱缩。图 4.6 为化学打顶顶芽皱缩现象。

彩图 7

2019年7月8日阿拉尔16团

图 4.6　化学打顶顶芽皱缩现象

　　目前在全疆推广的氟节胺类产品有 9 种,但推广技术良莠不齐,在市场可见浙江禾田化工有限公司、沧州志诚有机生物科技有限公司、张掖市大弓农化有限公司、江苏瑞邦农化股份有限公司、郑州郑氏化工产品有限公司等生产的产品。市场上的产品包括氟节胺、抑顶、瑞邦等。表4.1为氟节胺类化学打顶剂登记信息汇总。

表4.1 氟节胺类化学打顶剂登记信息汇总

登记证号	剂型	总含量	登记证持有人
PD20170480	悬浮剂	25%	张掖市大弓农化有限公司
PD20212733	悬浮剂	25%	河南欣农化工有限公司
PD20211179	乳油	25%	广州市金农科技开发有限公司
PD20200393	悬浮剂	30%	山东德浩化学有限公司
PD20150075	悬浮剂	25%	浙江禾田化工有限公司
PD20081670	乳油	25%	浙江禾田化工有限公司
PD20182724	悬浮剂	25%	郑州郑氏化工产品有限公司
PD20180374	悬浮剂	25%	浙江龙游东方阿纳萨克作物科技有限公司
PD20172433	悬浮剂	25%	安道麦辉丰(江苏)有限公司
PD20172338	悬浮剂	30%	江苏瑞邦农化股份有限公司
PD20172172	悬浮剂	40%	沧州志诚有机生物科技有限公司
PD20171506	悬浮剂	25%	杭州邦化生物科技有限公司

4.2.1 产品一：禾田福可——浙江禾田化工有限公司

有效成分及施药方法：25%氟节胺悬浮剂，叶面喷雾。

25%氟节胺悬浮剂施药时间：

棉花蕾期，5台果枝，6月15—20日开始施药，主要作用为棉花整枝；

棉花花期，8台果枝，7月5—10日开始施药，主要作用为棉花打顶。

用药剂量：

第一次施药，用药量 $1.2 \sim 1.5$ kg/hm^2，兑水 $300 \sim 450$ kg/hm^2。

第二次施药，用药量 $1.8 \sim 2.25$ kg/hm^2，兑水 $450 \sim 600$ kg/hm^2。

图 4.7 为禾田福可产品效果展示。

彩图 8

图 4.7　禾田福可产品效果展示

4.2.2　产品二：芽封——张掖市大弓农化有限公司

有效成分及含量：25％氟节胺悬浮剂。

施药条件：9～10 台果枝，开花 3～4 朵，株高 70～80 cm。第一次用药（整枝塑型）必须 7 月 5 日前结束，第二次用药（化学打顶）于第一次用药后 15～20 d 进行。

两遍法（前期塑型 30 g/亩，后期打顶 70 g/亩），两次总用量 100 g/亩；一遍法（不塑型直接打顶），80～100 g/亩，后期视棉花长势或在 100 g 基础上追加 20 g，水肥要稳健，适当控制进水量和氮肥量，避免大水大肥，最后停水的清水一定不要再加肥料。株高 85 cm 以上、长势过旺、节间过长（倒二至倒三的节间超过 10 cm）、叶片嫩绿的不建议化学打顶。图 4.8 为芽封产品效果展示。

彩图9

图4.8　芽封产品效果展示

4.2.3　产品三：抑顶——沧州志诚有机生物科技有限公司

有效成分及含量：40％氟节胺悬浮剂。

本品为接触兼局部内吸性植物生长调节剂，可用于棉花抑制顶芽（顶端）生长，同时可塑造理想株型，促进早熟，提高棉花品质，增加棉花产量，替代人工打顶。

40％氟节胺悬浮剂施药时间：棉花蕾期，5台果枝，6月15—20日开始施药，主要作用为棉花整枝，达到促早花、增伏桃、控叶枝、塑株型的目的；棉花花期，8台果枝，7月5—10日开始施药，主要作用为棉花打顶，达到打顶尖、防早衰、促早熟的目的。

用药剂量：第一次施药，用药量60 g/亩，兑水30～35 L/亩；第二次施药，用药量90 g/亩，兑水35～40 L/亩。

图4.9为抑顶产品效果展示。

第一次施药前

第一次施药后3~6 d，叶脉发黄，叶缘内卷向下弯曲，嫩叶皱缩表现非常明显

彩图 10

第一次施药后15~20 d，蕾正常，整体小叶化，皱缩小叶生长逐渐恢复

棉花红花上顶时期（8月上旬）：棉花的生长点得到有效控制，起到了人工打顶的作用

图 4.9 抑顶产品效果展示

4.3 14-羟芸·烯效唑

此类产品为 14-羟基芸苔素甾醇和烯效唑的复配品。14-羟基芸苔素甾醇是来源于油菜花粉和蜂蜡的天然芸苔素类似物，其安全性高，生物活性综合，环境友好，能够提高和平衡作物的激素水平，促进植物的新陈代谢，加快养分的吸收和转运，提高植物的抗逆能力，为作物的健壮生长和后期抗病能力的提升发挥关键性作用，对产量和品质提高有贡献；烯效唑属广谱性、高效植物生长调节剂，兼有杀菌和除

草作用,是赤霉素合成抑制剂,具有控制营养生长、抑制细胞伸长、缩短节间、矮化植株、促进侧芽生长和花芽形成、增进抗逆性的作用。

此类产品棉花塑型的作用机理为通过芸苔素和烯效唑的精确配比,在棉花生长过程中,恰当地调配棉花内源激素的平衡,快速抑制茎叶生长点,实现茎叶生长黄金分配,整枝塑型。烯效唑通过抑制主茎和侧茎生长,矮化植株,调配植株的纵横比;而芸苔素通过改变棉花冠层结构,改善叶面积指数和平均叶倾角(MTA),提高光合效率。目前市场上的产品以花匠(AFD)最有代表性。

研究表明,AFD可以在一定程度上抑制赤霉素的合成,从而防止棉花徒长。同时,AFD可以通过提高叶片叶绿素的含量,达到提高叶片光合产物合成的目的。更重要的是,AFD可以提高生殖器官干物质质量占植株总干物质质量的比例。此外,AFD可以通过提高再生亚果数量的方式,提高单位面积的总铃数,而夏绍南等的研究表明,再生亚果的产生主要是通过调节作物内源激素来实现的。到目前为止,已有科研工作者对AFD的施用效果进行了一定的研究,研究表明AFD的施用在主要植棉区内均取得了令人满意的效果。特别是在新疆棉区,AFD的施用效果尤其明显,施用AFD的棉田与未施用AFD的棉田从表型上有很大差别,成铃结构也有所差异,施用AFD可以显著提高棉花产量。虽然目前AFD的应用范围有限,但随着大众对其应用效果的逐渐熟知,AFD会有很大的推广潜力。

4.4　矮壮·甲哌鎓类

矮壮·甲哌鎓类化学打顶剂是矮壮素和甲哌鎓的复配剂型,具有矮化棉株、控制徒长、促进根系发育、增强棉花抗病性以及提高产量和品质等作用。其价格较低,对水肥的要求不苛刻,但需严格按照用药说明来确定喷施时间和剂量,否则容易造成药害。产品包括摇钱素、塑控等。

摇钱素为河南豫珠恒力生物科技有限责任公司生产的矮壮·甲哌鎓类产品。

有效成分:矮壮·甲哌鎓;含量:20%。喷施后,棉花顶心逐步凹陷,生长点逐步萎缩,不干枯也不生长,代替人工掐顶尖的作用,旁边花蕾正常生长,棉株株型中上部果枝较短,株型紧凑,有利于整株通风透光,营养不流失,落蕾少,单铃重高,预防植株早衰。叶面喷施盖顶喷,亩用量 50～70 mL。

图 4.10 为摇钱素使用效果展示。

彩图 11

图 4.10 摇钱素使用效果展示

4.5 矮壮素类

矮壮素(CCC)是一种季铵盐类植物生长调节剂,其作用机理是阻碍植物内源赤霉素的生物合成,从而延缓细胞伸长,不抑制细胞分裂,使植株矮化、茎秆粗壮、节间缩短,防止植物徒长和倒伏。矮壮素类产品本身控旺效果出色,用量少,见效快,同时还可以防止棉花落花落铃。但是矮壮素类产品使用不当易导致封不住顶尖、叶片肥厚、早衰和棉铃畸形等现象,而且注意不要与碱性药物混合。

4.6　其他产品

　　其他产品主要包括两类。一类是叶面喷雾,以"肥料证、套证、三无"产品为主。这类打顶剂往往夸大宣传,以价格低廉来欺骗种植户,属于假农药范畴,有些产品甚至添加国家违禁的致癌 B9 成分,或者对棉花伤害极大的其他成分,因此一定要选择正规企业的产品。另一类是滴灌产品,这类滴灌免打顶剂里面主要添加的成分是多效唑或烯效唑。多效唑的控旺效果好、药效时间长,但是容易造成土壤残留,连续使用会造成棉田来年蹲苗甚至不出苗,对土壤影响较大,在选用时也应注意。

第 5 章

化学打顶剂应用技术

5.1 化学打顶剂施用条件判断

5.1.1 根据棉田长势判断

长势稳健的棉田适合化学打顶。新疆棉区此类棉田的棉花株高 75~85 cm、果枝数 8~10 台、主茎节间控制较好、底部有 1~2 个鸽子蛋大小的棉铃,棉株整体表现为稳健生长态势,正由营养生长与生殖生长并进转向以生殖生长为主,不旺不衰。此类棉田化学打顶后的盖顶桃一般不受影响,单产与人工打顶棉田持平。

前期水控和化控重、棉花株高 75 cm 以下、果枝数 8 台左右、不缺苗的棉田适合化学打顶。棉花果枝节间平均为 5 cm,最上部节间为 6 cm 左右;叶片的颜色偏灰,而非嫩绿色。此类棉田转化速度快,当前正以生殖生长为主,蕾铃大而多,株高相对较矮,果枝始节和节间均较短,化学打顶较好实现且不影响上部盖顶桃。部分特矮棉田果枝始节的节位过低,机械采收时可能会造成一部分浪费。

旺长棉田化学打顶风险大,强行化学打顶后如果水肥运筹不当,极易造成减产。旺长棉田当前株高为 85 cm 左右(部分特旺长棉田株高超过 90 cm),果枝数 10 台以上,主茎节间均较长(10 cm 左右),开花晚于正常棉田(此时少见红花,普遍 开 1~2 朵黄花),营养生长偏强,长势较旺,此类棉田建议尽快进行人工打顶。不 可强行采用化学打顶,尤其在水肥轮灌不可控的棉区,如果强行坚持化学打顶及 不合理水肥管理,极易造成花蕾及棉铃大量脱落,棉花营养生长失控,严重影响 产量。

5.1.2 根据各地生育期判断

传统人工打顶有个原则,即"枝到不等时,时到不等枝"。其含义为果枝数够 了,即使打顶时间不到,也须立即打顶(按照以地定产的原则,倒推所需果枝数,果 枝数够了即可打顶,多留意义不大);或者打顶时间到了,即使果枝数不足,也不能 再推迟打顶时间,必须立即打顶,否则可能会因上部成铃生育期不足,无法正常吐 絮而导致减产,白白增加无效养分消耗。化学打顶,也可依据各地棉花生育期和生 育进程来确定施用时间及剂量。北疆棉区棉花生育期 120 d 左右,南疆棉区棉花 生育期相对较长,为 135 d 左右。北疆人工打顶结束的时间为 7 月 5 日,南疆人工 打顶结束的时间为 7 月 10 日,根据大量试验结果看,化学打顶可以参照此时间进 行。如果依据棉花生育进程来确定化学打顶时间,有 3~6 台果枝开花则可进行化 学打顶,即盛花期前后进行较为适宜。

5.1.3 根据气象条件判断

施药应选择晴好天气,风速不应大于二级,避免中午太阳正射时施药。25%、 40%氟节胺悬浮剂施药后 5~7 d 停水停肥;98%甲哌鎓粉剂施药后 3 d 内不宜浇 水施肥。在多雨年份化学打顶难度加大,要加强后期配套的水肥调控及甲哌鎓常 规化控,保证棉田不出现二次生长和控不住的情况。若在多雨年份仍然选择化学 打顶,可根据棉田长势及降水情况在化学打顶前先采用常规甲哌鎓进行化调,之后 适时喷施化学打顶剂。在少雨年份化学打顶难度降低,但仍需要加强对水肥的管理,防止出现蕾铃脱落或二次生长现象。喷施化学打顶剂时严禁与含有激素类的农药和叶面肥(芸苔素内酯、胺鲜酯、磷酸二氢钾、尿素等)混用,可与微量元素(硼、锰、锌)混合喷施。化学打顶剂可与杀虫剂混用,如喷施 6 h 内遇雨,需减半补喷。

5.2 化学打顶剂施用方式

5.2.1 化学打顶剂的施药时间

西北内陆棉区:北疆棉区一般在 7 月 1 日左右喷施化学打顶剂,南疆棉区一般在 7 月 5 日左右喷施化学打顶剂,保障棉花株高 70～85 cm、果枝数 8～11 台。化学打顶剂(增效型 25％甲哌鎓水乳剂)用量掌握在 25～50 mL/亩,机械喷施兑水量为 35～45 L/亩。25％和 40％氟节胺悬浮剂需施药 2 次,第 1 次为棉花蕾期,5 台果枝时开始施药;第 2 次为棉花初花期,8 台果枝时开始施药。98％甲哌鎓粉剂仅需施药 1 次,在棉花初花期至盛花期,8～9 台果枝时喷施。

黄河流域棉区:一般在 7 月 20 日左右喷施化学打顶剂,保障棉花株高 90～110 cm、果枝数 10～13 台。化学打顶剂(增效型 25％甲哌鎓水剂)用量掌握在 25～75 mL/亩,机械喷施兑水量为 20～30 L/亩。

5.2.2 化学打顶剂的施药剂量

25％氟节胺悬浮剂:棉花蕾期第 1 次施药,采用顶喷(机械喷施),施药时喷杆距棉株顶部高度 25～30 cm,用药量 1.2 kg/hm²,喷液量 450 kg/hm²;棉花初花期第 2 次施药,采用顶喷(机械喷施),施药时喷杆距棉株顶部高度 25～30 cm,用药量 1.8 kg/hm²,喷液量 600 kg/hm²。

40％氟节胺悬浮剂:棉花蕾期第 1 次施药,采用顶喷(机械喷施),施药时喷杆距棉株顶部高度 25～30 cm,用药量 0.9 kg/hm²,喷液量 450 kg/hm²;棉花初花期第 2 次施药,采用顶喷(机械喷施),施药时喷杆距棉株顶部高度 25～30 cm,用药量 1.5 kg/hm²,喷液量 600 kg/hm²。

98%甲哌鎓粉剂＋液体助剂:棉花初花期至盛花期,8～9 台果枝时开始施药。采用顶喷(机械喷施),施药时喷杆距棉株顶部高度 30～40 cm,甲哌鎓用量为 225 kg/hm²,液体助剂用量为 150 kg/hm²,喷液量 450 kg/hm²。

5.3 施用化学打顶剂的常见问题

(1)化学打顶技术必须与甲哌鎓系统化控技术紧密结合。对于生长过旺的棉田,可在化学打顶前 5～10 d 化调 1 次,在当地正常甲哌鎓使用量的基础上,酌情增加甲哌鎓 3～5 g/亩混合使用。对于长势一般或生长较弱的棉田,按当地正常甲哌鎓使用量进行化控。化学打顶施用应避开雨天,如果施药 6 h 以内遇降雨,需减半再次喷施。

(2)化学打顶剂效果由于易受水肥因素影响,一般要求施用前后尽量避免水肥施用,建议在两水之间进行化学打顶,避免边滴水、边滴肥、边打顶。但是同时也不能过分要求化学打顶后减水减肥,因为盛花期棉花养分需求量较大,如果盲目追求棉花打顶效果而忽视了棉花生长发育的养分需求,棉花产量会受到巨大损失。

(3)喷头选用扇形雾 11003、11004 喷头实行全覆盖喷雾,确保棉株顶部生长点充分接触药液;不建议采用吊杆进行喷施,建议选用顶喷,既保证喷施质量,又减少对棉花叶片、花蕾等的损伤;机车作业速度控制在 3～5 km/h。应保证喷洒均匀,不重不漏。喷洒时应先启动动力,再打开送液开关;停车时,应先关闭送液开关,再切断动力。在地头转向时,动力输出轴应始终旋转,以保持喷雾液体的搅拌,但送液开关必须为关闭状态。采用化学打顶整枝的棉田,前期需通过水、肥、密的合理运筹和甲哌鎓系统化控,以保障棉田生长稳健。

(4)棉花化学打顶整枝剂应通过正规渠道购买,同时应注意棉花化学打顶整枝剂包装箱的产品标志等。根据棉花化学打顶整枝剂的剂型、有效成分含量等,按照农药标签推荐的方法配制棉花化学打顶整枝剂,不可随意加大剂量。棉花化学打顶整枝剂在使用前应始终保存在其原包装中,量取棉花化学打顶整枝剂后,放回原包装并将其贮存在安全位置。

(5)配药时应远离水源,严防污染饮用水源和畜禽误食。所用称量器具在使用后都要清洗,不得作其他用途。冲洗后的废液应在远离居所、水源的地点妥善处理。

化学打顶技术视频

第 6 章

化学打顶的配套栽培技术体系

6.1 棉花品种与种植密度

化学打顶有别于传统的人工打顶,两者作用原理不同,因此在棉花农艺性状、株型结构等方面必然存在一定的差异;化学打顶与传统的物理性掐除生长点的方式不同,化学打顶剂喷施后不会立刻抑制棉花主茎的生长,需要一定的时间才能达到理想的自然打顶的效果,因此在化学打顶剂喷施后的几天会有部分新生果枝的出现,一般新增 1～3 台果枝,株高增加 5～10 cm。

传统的人工打顶要求棉株上部两台果枝伸出,力求双桃或三桃,塑造出一种倒塔形的株型结构,棉农将这种现象称为"甩辫子",给人一种棉花顶部结铃多的表象。但是研究发现,人工打顶棉花顶部果枝的过分伸长,常常会导致棉株中下部通风透光性减弱,造成棉花中下部蕾铃脱落严重、铃数减少、铃重降低、品质变差等。相反,化学打顶棉株顶部果枝长度较短,果枝角度较小,塑造出一种塔形结构,使棉株冠层光照分布更加均匀,有利于棉株中下部接收光能,延长了中下部进行光合作用的时间,提高了中下部的光能利用率,可以有效避免棉田早衰现象的发生。因此,化学打顶棉田株型较紧凑,封行晚,一直到结铃盛期都能维持"下封上不封,中间一条缝"的合理群体结构,这不仅有利于成铃,而且有利于后期机械采收,可以显著提高采净率、降低含杂率。

6.1.1　品种对棉花化学打顶的影响

1.品种对化学打顶棉花吐絮棉铃空间分布的影响

新陆中 82 号为中早熟品种,生育期 126 d 左右。新陆中 70 号为中熟品种,全生育期 137 d 左右。由图 6.1 可知,新陆中 70 号的两个化学打顶处理有 0.5～1.5 个有效果枝的增加,对上、中、下部位成铃率影响不同,下部比人工打顶分别高 4.1% 和

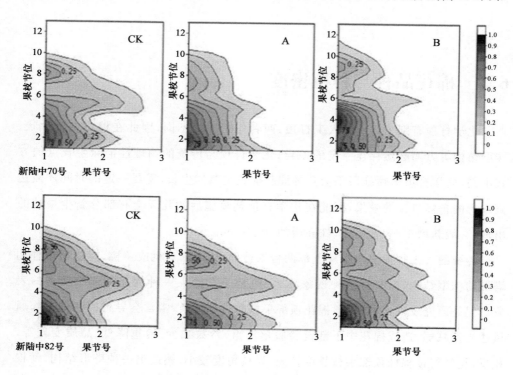

图 6.1　化学打顶对不同品种吐絮棉铃空间分布的影响

注:CK 代表人工打顶,A 代表摇钱素打顶剂,B 代表万家丰打顶剂。

16.3％,中部比人工打顶分别低 11.7％和 18.3％,上部比人工打顶分别高 30.8％和 84.6％;化学打顶的内围铃与人工打顶相比,上部内围铃成铃率比人工打顶高 33.3％～99.9％,下部外围铃成铃率比人工打顶高,中部比人工打顶低。这说明化学打顶能增加新陆中 70 号上部的成铃率,但会减少中下部的成铃率,内外围铃的上、中、下部位的成铃率与整体上、中、下部位的成铃率变化趋势相同。新陆中 82 号的两个化学打顶处理的有效果枝数有一定增加,对上、中、下部位有不同的影响,化学打顶对不同部位的内围铃也表现为中下部成铃率比人工打顶低 5.4％～25.9％,上部比人工打顶分别高 123.1％和 84.6％,下部的外围铃比人工打顶分别高 6.7％和 13.3％,中部比化学打顶分别低 31.6％和 31.6％,上部没有差异。这说明新陆中 82 号在化学打顶处理下会减少中下部的成铃率,但会显著增加上部的成铃率。

不同品种对不同化学打顶剂的反应不一致,单株铃数有增有减,但差异不显著。试验表明,化学打顶较人工打顶的单铃重和衣分均增加,这可能是品种和化学打顶剂的不同导致的。

2. 品种对化学打顶棉花冠层开度的影响

由图 6.2 可知,新陆中 82 号和新陆中 70 号两个品种上部冠层开度呈现上升趋势,从 0.2 至 0.6,新陆中 82 号增大较为均匀,而新陆中 70 号在施药后 30 d 有明显的增大;新陆中 82 号的中部冠层开度从 0.2 增长至 0.45,而新陆中 70 号的中部冠层开度只有小幅度的增加;相同品种的底部冠层开度变化不大,新陆中 82 号的底部冠层开度明显高于新陆中 70 号。两个品种的上部冠层开度相差较小,新陆中 82 号的冠层开度在中下部较新陆中 70 号大,这说明新陆中 82 号比新陆中 70 号的整体冠层开度更松散,冠层结构更加合理,有利于下部光的增加,对下部棉铃发育影响小。

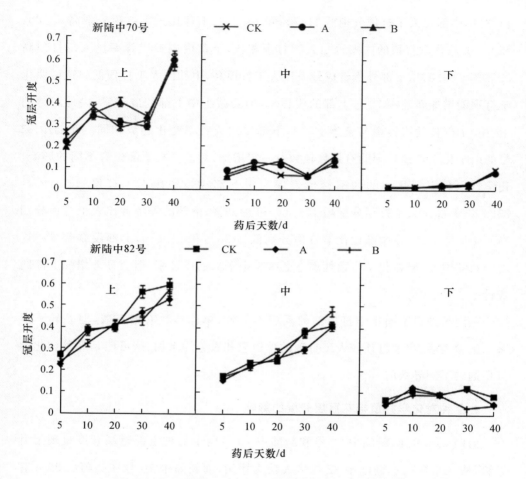

图 6.2　化学打顶对不同品种各部位冠层开度的影响

注:CK 代表人工打顶,A 代表摇钱素打顶剂,B 代表万家丰打顶剂。

3.品种对化学打顶棉花叶倾角的影响

由图 6.3 可知,不同品种叶倾角表现为下部<中部<上部,化学打顶略高于人工打顶。新陆中 82 号三个处理上部冠层叶倾角从 50°增长至 60°,而新陆中 70 号从 45°增至 60°,新陆中 70 号的增长幅度略快于新陆中 82 号;中部冠层叶倾角值有小幅度的下降,品种间没有显著差异;下部叶倾角在药后 40 d 内变化,新陆中 70号较新陆中 82 号变化更稳定。

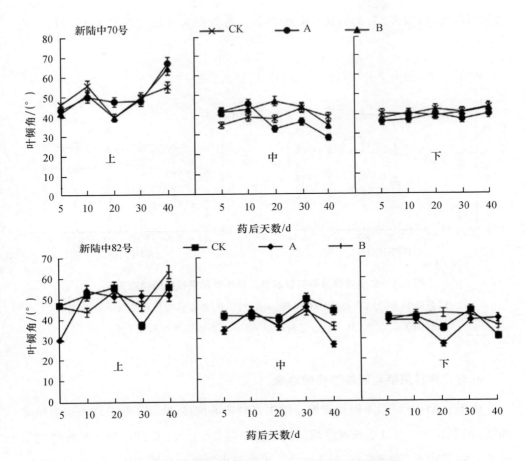

图 6.3 化学打顶对不同品种各部位叶倾角的影响

注:CK 代表人工打顶,A 代表摇钱素打顶剂,B 代表万家丰打顶剂。

6.1.2 不同甲哌鎓敏感性品种对化学打顶棉花的影响

1.对化学打顶棉花农艺性状的影响

由图 6.4(a)可知,与 CK 相比,在 7 月 9 日后,免打顶棉花品种的株高均显著增加,其中 P_2 处理增加的幅度最大,达 45.2%,P_1 处理增加的幅度最小,仅 36.2%。由图 6.4(b)与 CK 相比,免打顶棉花品种的果枝数均呈增加的趋势,且显著高于 CK,以 P_2 处理最为明显,增幅达到了 100%,且比 CK 高 80%,P_3 处理果枝数相对较低,增幅为 47.3%,比 CK 高 35%。各处理果枝数最终 $P_2 > P_1 > P_4 > P_3$ $> CK$。

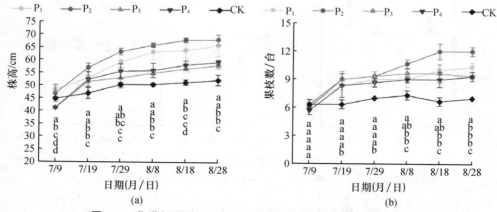

(a)   (b)

图 6.4　化学打顶后不同敏感性品种株高和果枝数的动态变化

注:以新陆早 67 号、Z901、Z903、澳棉 sic75 对甲哌𬭩敏感的材料作为试验对象,
　　分别用 P_1、P_2、P_3、P_4 表示;以新陆早 60 号人工打顶作为对照 CK。

2. 对化学打顶棉花冠层结构的影响

由图 6.5(a)可知,不同处理棉花随生育时期的推移,叶面积指数均表现为单峰曲线,在 7 月 9—19 日增长速度均达到最快。与 CK 相比,免打顶棉花品种降幅均低于 CK,其中 P_2 降幅最小,仅 19.6%,叶面积指数降幅最终 $CK > P_4 > P_1 > P_3 > P_2$,分别为 35.3%、28.6%、22.6%、21.0% 和 19.6%。P_1、P_2、P_3 和 P_4 处理保持较高叶面积指数的同时,在生育期间内较稳定,而 CK 在后期降幅较大,会影响棉花后期对光能的利用。

由图 6.5(b)可知,随生育时期的推移,不同处理棉花冠层开度在 7 月 19 日之前都呈现出快速降低的趋势,主要原因是这期间叶片增加较多,遮阴面积大。随生育进程的推移,不同处理均表现上升的趋势。综合来看,随着生育进程的推移,对甲哌𬭩敏感的材料表现为株型紧凑,有利于光能均匀地分布在各个冠层部位上,避免了因中下部叶片受光不足而引起的早衰问题。

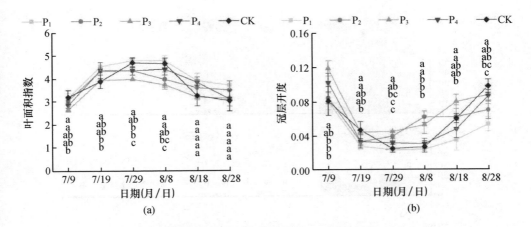

图 6.5　化学打顶后不同敏感性品种冠层结构的动态变化

注:以新陆早 67 号、Z901、Z903、澳棉 sic75 对甲哌鎓敏感的材料作为试验对象,

分别用 P_1、P_2、P_3、P_4 表示;以新陆早 60 号人工打顶作为对照 CK。

3. 对化学打顶棉花冠层不同部位透光率的影响

由图 6.6 可知,不同处理棉花冠层上部透光率随生育时期的推移先上升后降低再上升,中部除 P_1 和 P_2 处理表现为先上升后降低再上升的趋势外,其余处理均表现为先降低后上升的趋势;下部透光率则都表现为先降低后上升的趋势。在棉花各生育期间,透光率均表现为上层＞中层＞下层,其中,P_1、P_2、P_3 和 P_4 处理在 7 月 9—19 日上部透光率均低于 CK 处理,而中部除 P_1 和 P_2 处理在 7 月 19 日显著高于 CK 外,其余处理相比 CK 差异不显著,P_3 和 P_4 处理在 7 月 9 日下部透光率显著低于 CK 处理。随生育进程的推移,不同处理冠层各部位透光率都表现为上升的趋势。

基于甲哌鎓全程调控的棉花表现为紧凑的株型结构,且能实现自然打顶,叶片较多,有利于吸收光能,但营养器官向生殖器官传递的营养物质较少,表现为生殖器官与营养器官干物质量比例均低于人工打顶,最终单株结铃和单铃重低于人工打顶。

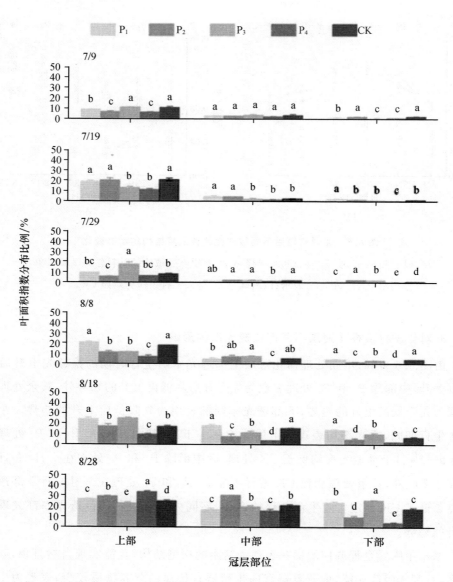

图 6.6　化学打顶后不同敏感性品种透光率的动态变化

注：以新陆早 67 号、Z901、Z903、澳棉 sic75 对甲哌鎓敏感的材料作为试验对象，
　　分别用 P_1、P_2、P_3、P_4 表示；以新陆早 60 号人工打顶作为对照 CK。

6.1.3 种植密度对化学打顶棉花的影响

1.种植密度对长江流域棉花化学打顶效果的影响

同一种植密度下,单株果枝数随 DPC 用量的增加而增加。同一 DPC 水平下,下部果枝夹角随种植密度增加而降低,中部和上部果枝夹角总体上以 D_2 处理较高;同一种植密度下,果枝夹角随 DPC 用量的增加而降低。种植密度和 DPC 调控对果枝长度的影响与果枝夹角相似。同 DPC 水平下,不同果枝部位果节数均以 D_3 处理最高;同一种植密度下,果节数随 DPC 用量的增加而增加。表 6.1 为种植密度和 DPC 调控对长江流域棉花冠层特征的影响(2013)。

表 6.1 种植密度和 DPC 调控对长江流域棉花冠层特征的影响(2013)

处理 种植密度 (D)	DPC (C)	单株果枝数/台	果枝夹角/(°)			果枝长度/cm			公顷果节数/10^4 节		
			LFB	MFB	UFB	LFB	MFB	UFB	LFB	MFB	UFB
D_1	C_0	13.9 be	70.1 a	58.6 ab	54.7 cd	23.5 a	26.4 a	15.2 a	144.4 f	143.6 ef	72.7 c
	C_1	13.7 cd	66.9 a	59.2 ab	53.7 d	18.4 b	21.9 de	10.5 d	156.7 cd	139.1 f	75.0 c
	C_2	14.3 ab	61.1 b	51.4 cd	51.8 d	16.8 de	19.5 f	10.3 cd	158.6 be	151.1 de	78.7 c
D_2	C_0	13.2 d	61.0 b	61.2 a	62.4 a	20.3 b	25.5 ab	14.2 b	125.3 g	139.9 f	72.1 c
	C_1	13.5 cd	58.7 b	59.1 ab	53.5 d	18.2 c	23.0 cd	11.0 c	160.9 be	155.5 de	89.2 b
	C_2	14.5 a	56.3 be	57.7 b	54.2 cd	17.1 d	21.2 def	9.9 d	163.8 b	170.6 c	111.6 a
D_3	C_0	13.7 cd	59.7 b	58.8 ab	58.6 b	17.5 cd	24.5 be	13.6 b	146.4 ef	177.6 be	89.4 b
	C_1	13.3 cd	57.7 be	54.0 c	51.8 d	15.8 e	20.9 ef	9.5 d	151.2 de	187.2 b	94.8 b
	C_2	14.7 a	53.2 c	50.1 d	47.7 e	16.5 de	20.7 de	9.9 d	180.6 a	205.2 a	117.0 a

注:种植密度设低(D_1,7.50 万株/hm^2)、中(D_2,9.75 万株/hm^2)和高(D_3,12.00 万株/hm^2)3 个水平;DPC 调控设不控(C_0,0 g/hm^2)、轻控(C_1,52.5 g/hm^2)和重控(C_2,105 g/hm^2)3 个水平;LFB、MFB 与 UFB 分别代表下部、中部和上部果枝。

棉花盛铃期叶面积指数、透光率是反映群体冠层结构合理性的重要指标。由表 6.2 可见,同一 DPC 水平下,2013 年下部和中部果枝叶面积指数随种植密度增加而增加,上部果枝叶面积指数以 D_2 处理最高;2014 年不同果枝部位均以 D_2 处理最高。同一种植密度下,叶面积指数总体表现为随 DPC 用量的增加而降低。同一 DPC 水平下,不同果枝部位的透光率总体以 D_1 处理高于 D_2 和 D_3 处理;同一种植密度下,透光率随 DPC 用量的增加而增加。研究表明,下部果枝夹角大、中部果枝较长、上部果枝夹角小,叶面积指数和透光率高有利于提高产量和霜前花率。

表 6.2　种植密度和 DPC 调控对长江流域棉花群体叶面积指数和透光率的影响(2013、2014)

处理		2013						2014					
种植密度 (D)	DPC (C)	叶面积指数			透光率/%			叶面积指数			透光率/%		
		LFB	MFB	UFB	LFB	MFB	UFB	LFB	MFB	UFB	LFB	MFB	UFB
D_1	C_0	0.51 f	1.33 d	1.31 cd	4.1 c	21.6 c	59.9 f	1.13 be	1.25 b	0.74 de	6.8 cd	18.7 e	55.6 cd
	C_1	0.89 e	1.20 e	1.42 be	6.5 b	26.9 b	61.1 f	1.10 cd	1.07 c	0.63 e	10.0 b	31.0 be	66.2 ab
	C_2	0.95 e	1.07 f	1.14 ef	7.4 a	35.8 a	78.5 ab	1.16 be	0.70 d	0.46 f	17.2 a	53.7 a	69.8 a
D_2	C_0	1.74 b	1.68 a	2.17a	3.3 cd	17.9 d	63.0 ef	1.36 a	1.43 a	1.14 a	7.5 c	15.1 f	40.6 f
	C_1	1.49 c	1.48 c	1.21 de	5.7 b	18.3 d	82.5 a	1.33 a	1.13 be	0.96 b	5.5 de	15.6 f	49.2 de
	C_2	1.35 d	1.22 e	1.46 be	5.6 b	27.8 b	73.1 cd	1.15 be	1.07 c	0.68 de	8.13 c	30.0 c	70.8 a
D_3	C_0	1.65 b	1.61 ab	1.13 ef	3.0 d	23.1 c	69.5 d	1.17 b	1.08 c	0.67 e	7.7 c	21.0 d	45.3 ef
	C_1	1.45 cd	1.53 be	1.22 de	4.1 c	26.3 b	75.1 be	0.87 e	1.25 b	0.87 be	10.4 b	33.0 b	59.9 be
	C_2	1.92 a	1.63 ab	1.04 f	2.6 d	20.1 cd	68.1 de	1.03 b	1.20 be	0.79 cd	4.2 e	11.5 g	39.7 f

注:种植密度设低(D_1,7.50 万株/hm^2)、中(D_2,9.75 万株/hm^2)和高(D_3,12.00 万株/hm^2)3 个水平;DPC 调控设不控(C_0,0 g/hm^2)、轻控(C_1,52.5 g/hm^2)和重控(C_2,105 g/hm^2)3 个水平;LFB、MFB 与 UFB 分别代表下部、中部和上部果枝。

2. 种植密度和打顶方式对新疆地区棉花农艺性状的影响

由图 6.7 可见,鲁棉研 24 号的株高表现为随种植密度的降低呈先降低后增加变化趋势,在人工打顶及化学打顶条件下,当种植密度降低至 18 万株/hm^2 时,株高分别降低 6.7%及 5.2%;当种植密度降低至 12 万株/hm^2 时,两种打顶方式条件下与高密度种植(24 万株/hm^2)条件下差异不显著。新陆中 61 号随种植密度的降低,株高呈降低变化趋势。由于化学打顶后棉花植株顶尖会继续生长,两品种在各种植密度条件下株高均表现为化学打顶高于人工打顶。鲁棉研 24 号在三种密度下化学打顶较人工打顶株高分别高 2.1%、3.8%及 3.9%;新陆中 61 号分别高 15.6%、13.6%及 11.6%。

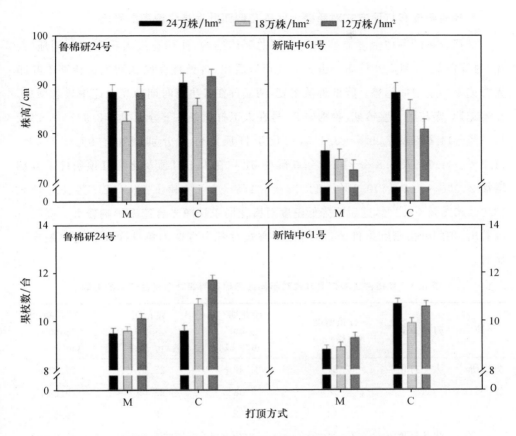

图 6.7　种植密度和打顶方式对不同品种棉花株高和果枝数的影响

注：人工打顶和化学打顶分别表示为 M 和 C。

　　随种植密度的降低，两品种果枝数呈增加变化趋势，鲁棉研 24 号在人工打顶条件下增加 1.1%～6.3%，化学打顶条件下增加 3.5%～8.8%，且在两种打顶方式条件下种植密度在 24 万株/hm² 及 18 万株/hm² 间果枝数差异不显著；新陆中 61 号在人工打顶及化学打顶条件下分别增加 1.1%～5.7% 及 2.1%～9.3%。在相同种植密度条件下，两品种果枝数均表现为化学打顶>人工打顶。两个试验品种化学打顶处理的棉花果枝数增加，且同密度下株高均高于人工打顶；两品种在化学打顶处理后的生育期比人工打顶处理略有延长。

3. 种植密度和打顶方式对新疆地区棉花倒四叶净光合速率的影响

选择合理的种植密度能够塑造合理的群体结构,使棉花最大程度地利用地力、光、热等资源,获得高产优质。由表 6.3 可以看出,各处理在始花期到盛铃期单叶净光合速率均呈增加趋势。降低种植密度,两品种在各生育时期净光合速率显著增加。在始花期、盛花期及盛铃期,鲁棉研 24 号在人工打顶条件下分别增加 3.9%~6.2%、11.9%~14.6% 及 7.1%~8.1%,在化学打顶条件下分别增加 4.9%~7.4%、11.0%~11.7% 及 8.8%~10.0%;新陆中 61 号在人工打顶及化学打顶条件下分别增加 2.0%~2.5%、10.1%~11.9%、6.1%~7.1% 和 1.7%~2.7%、8.5%~10.9%、6.3%~8.1%,这说明降低密度对盛花期单株净光合速率影响较大。同时可以看出,相同种植密度条件下,不同打顶方式对各生育期内单株净光合速率差异不显著。

表 6.3 种植密度和打顶方式对不同品种棉花倒四叶净光合速率的影响

品种	打顶方式	种植密度/ (万株/hm²)	始花期/ [μmol/ (m²·s)]	盛花期/ [μmol/ (m²·s)]	盛铃期/ [μmol/ (m²·s)]
鲁棉研 24 号	人工打顶 (M)	24	24.42 c	25.11 d	27.31 c
		18	25.38 b	28.09 c	29.24 b
		12	25.93 a	28.77 a	29.52 a
	化学打顶 (C)	24	24.22 c	25.43 d	27.05 c
		18	25.40 b	28.22 b	29.43 b
		12	26.01 a	28.40 ab	29.76 a
新陆中 61 号	人工打顶 (M)	24	24.39 c	25.02 c	27.26 c
		18	24.88 b	27.55 be	28.92 b
		12	25.01 a	27.99 a	29.21 a
	化学打顶 (C)	24	24.42 c	25.31 c	27.02 c
		18	24.83 b	27.46 b	28.73 b
		12	25.08 a	28.07 a	29.22 a

4. 种植密度和打顶方式对新疆地区棉花干物质积累的影响

由表 6.4 可以看出,随种植密度的降低,两品种单株干物质积累量显著增加。鲁棉研 24 号在人工打顶处理下单株营养器官干重增加 3.1%~21.7%,蕾花铃干重增加 9.3%~24.8%,单株干重增加 5.2%~22.7%;化学打顶处理条件下,营养器官干重、蕾花铃干重及单株干重分别增加 13.2%~27.1%、7.8%~21.0% 及 11.3%~25.0%;新陆中 61 号在人工打顶处理下单株营养器官干重增加 13.4%~17.1%,蕾花铃干重增加 5.8%~19.8%,单株干重增加 10.6%~18.1%;化学打顶处理条件下,除在 18 万株/hm² 处理下,营养器官干重略有降低外,蕾花铃干重及单株干重均增加,分别增加 16.5%~26.2% 及 1.9%~8.9%。同时可以看出,打顶方式对两品种营养器官、蕾花铃干重及单株干重影响较小,均未达到显著水平。

表 6.4　种植密度和打顶方式对不同品种棉花干物质积累的影响

品种	打顶方式	种植密度 /(万株/hm²)	营养器官干重 /(g/株)	蕾花铃干重 /(g/株)	单株干重 /(g/株)
鲁棉研 24 号	人工打顶 (M)	24	76.6 c	38.7 c	115.3 c
		18	79.0 bc	42.3 b	121.3 b
		12	93.2 a	48.3 a	141.5 a
	化学打顶 (C)	24	72.6 d	39.5 c	112.1 c
		18	82.2 b	42.6 b	124.8 b
		12	92.3 a	47.8 a	140.1 a
新陆中 61 号	人工打顶 (M)	24	61.9 d	36.4 bc	98.3 d
		18	70.2 c	38.5 b	108.7 c
		12	72.5 c	43.6 a	116.1 ab
	化学打顶 (C)	24	77.9 b	32.8 c	110.7 b
		18	74.6 bc	38.2 b	112.8 b
		12	79.2 a	41.4 a	120.6 a

6.2　水肥管理技术

化学打顶的效果和水肥运筹是否合理存在显著相关性。化学打顶前切忌大水大肥,否则容易造成蕾铃脱落和棉田旺长,旺长棉田的化学打顶效果差。已有研究表明,化学打顶前 3 d 尽量不要进水,以棉田微旱表现最好,化学打顶后 3 d 内尽量不要复水,以保证打顶效果和促花坐铃。否则容易造成新生果枝数过多、新生主茎长度过长、株高较高、二次生长严重等现象,严重影响棉花结铃性和熟期。一般,新疆棉区推荐滴水 6 h,总用水量 4 500 m³/hm² 最佳。

打顶前后氮肥的使用量也直接决定了化学打顶的效果。合理的氮肥使用量不仅可以促花成铃,满足棉花生长发育的物质要求,而且可以很好地配合打顶剂实现营养生长向生殖生长的快速转化,实现集中成铃。已有研究表明,新疆棉区 300 kg/hm² 的氮肥使用量可以较好地保证打顶效果,还能获得较高的籽棉产量。生产中不建议棉田投入过多氮肥,这不仅降低肥料的边际收益,而且容易导致营养生长和生殖生长失调,从而加大管理和控长难度。

水肥调控能够对棉花植株农艺性状进行有效调控,达到优化棉花产量结构、增产的目的。与常规灌溉和施肥不同,水肥管理可以提高棉花水分和肥料的可控性。在整个生育期内,棉田的水、肥、气、热等环境条件可以从根本上改变。棉田具有良好的水分和养分环境,棉花种植效益迅速提高,并且可以更好地控制棉花营养生长、生殖生长,促进棉花经济产量增加。因此,在现代农业生产中大面积应用的滴灌施肥模式下的水肥一体化技术,比传统施肥方法更具有优越性和实用性,有利于观测田间作物的长势长相,并对水肥运筹工作进行及时调整和有效实施。有研究指出,滴水量、化学打顶和栽培方式等的综合研究具有十分重要的意义,将是未来农业研究的重要方向。而棉花生产中的水肥对棉花株型有显著的调控效应。施氮量对棉花植株农艺性状、单株结铃数和铃重有显著调控效应,但对衣分影响不显著,施氮量过高或过低都会使作物产量降低。滴水量对棉花植株高度、果枝数及其产量的调节效果显著,滴水量过高或过低均会使棉花生长受到影响。

化学打顶虽然能控制棉花株高,整塑株型,但其作用机理为激素调控,作用时间有限。而棉花有无限生长习性,化学打顶在增加群体生产能力的同时,并不保障能完全协调营养生长与生殖生长的关系。因此,化学打顶需要与合理滴水施肥、优化栽培等多种措施有机结合,才能有效提高棉花植株的营养利用,实现棉花栽培、管理节本增效,保证棉花生产稳定、高产、优质、高效。明晰在化学打顶条件下,水氮运筹策略对新疆棉花的个体、群体结构塑造和产量的影响,完善高产、有效的棉花技术体系,对实现棉花高产、高效、优质具有极大的意义。

6.2.1 施氮量对化学打顶棉花农艺性状的影响

1.施氮量对棉花农艺性状及叶片的影响

氮是植物所需要的大量营养元素之一,对植物的生长发育具有重要的影响。研究表明,氮肥对棉花前期长势影响较小,在出苗后35 d开始有较大差别。还有研究表明,不同施氮量对棉花苗期和蕾期影响不显著,在盛蕾期后,随着生育进程的推进,株高开始表现出差异,表现为高氮>中氮>低氮。氮素营养不足会抑制棉花生长发育,引起植株叶片生理活性下降,加速叶片衰老,使棉花早衰。但施氮量过多,又会造成棉花的贪青晚熟。刘连涛等的研究表明,施氮量对棉花叶片衰老具有调控效应,适量的氮肥施用可以延缓功能叶的衰老。同时,合理的氮肥施用量和基追比也有利于维持叶片后期生理功能,延迟衰老,增加茎粗,保证一定的株高和果枝数,促进棉花蕾、铃和根系的发育,为棉花的高产打下基础。

2.施氮量对化学打顶棉花生育进程的影响

由表6.5可以看出,施氮量对两种打顶方式下棉花的生育期均造成了影响,整个生育期均随施氮量的增加而增加。棉花初花期之前,各施氮量生育进程基本一致。从初花期开始,不同施氮量处理下棉田生育进程开始表现出较大不同,化学打顶棉花的生育进程慢于人工打顶,尤其是随着施氮量的增加,两种打顶方式的差异更加明显。化学打顶棉花生育期在低氮条件下与人工打顶棉花基本一致,高氮条件下比人工打顶棉花略有延长,这说明化学打顶棉花生育期对施氮量的响应更为敏感,尤其是高氮处理下,化学打顶棉花生育期比人工打顶棉花生育期延长的趋势更为明显。

表 6.5　不同施氮量处理下两种打顶方式棉花的生育进程

处理		出苗期	盛蕾期	初花期	盛铃期	吐絮期	生育期/d
				（月/日）			
人工打顶	N0	4/25	6/13	6/21	7/17	8/21	118
	N1	4/25	6/13	6/24	7/18	8/23	120
	N2	4/25	6/13	6/24	7/18	8/24	121
	N3	4/25	6/14	6/25	7/21	8/27	124
	N4	4/25	6/14	6/26	7/22	8/27	124
化学打顶	N0	4/25	6/13	6/21	7/17	8/21	118
	N1	4/25	6/13	6/24	7/18	8/23	120
	N2	4/25	6/13	6/24	7/18	8/26	123
	N3	4/25	6/14	6/25	7/21	8/28	125
	N4	4/25	6/14	6/26	7/22	8/29	126

注：施氮量设 0、100、200、300、400 kg/hm^2，共 5 个施氮（纯氮）水平，分别用 N0、N1、N2、N3、N4 表示，下同。

3. 施氮量对化学打顶棉花株高的影响

由图 6.8 可以看出，两种打顶方式下棉花株高随施氮量的增加而增加。打顶后 0～3 d，化学打顶棉花株高明显高于人工打顶，造成这一现象的原因是人工打顶按照"一叶一心"标准将顶端去除。由株高变化可以看出，人工打顶棉花株高在打顶后 0～3 d 增长速度较快，株高平均日增长量为 1.89 cm；在 6～9 d 株高增长较慢，第 9 天后基本停止生长。化学打顶棉花株高则表现出在打顶后 0～3 d 增长较慢，株高平均日增长量为 1.12 cm；化学打顶后 9 d 株高增长逐渐减缓，第 15 天基本停止生长（N4 除外）。

4. 施氮量对化学打顶棉花果枝数的影响

由图 6.9 可以看出，果枝数随着施氮量的增加有增加趋势。人工打顶后果枝数不再变化，化学打顶后棉花果枝数仍有增加。因为化学打顶剂对顶端有抑制作用，但并不能抑制果枝分化形成，且随着施氮量的增加果枝数有所增加。打顶后当天，化学打顶棉花果枝多于人工打顶，这是人工打顶时按照"一叶一心"标准将顶端去除造成的。

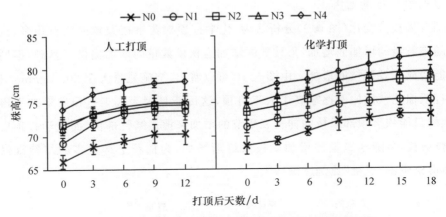

图 6.8 不同施氮量处理下两种打顶方式棉花的株高变化

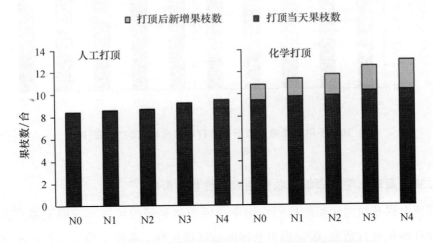

图 6.9 不同施氮量处理下两种打顶方式棉花的果枝数变化

5. 施氮量对化学打顶棉花"三桃"比例的影响

"三桃"比例是从时间上衡量棉花结铃性、产量构成、品质形成的一个重要指标。不施氮处理的伏前桃所占比例高于其他施氮处理,且伏前桃比例基本表现为随施氮量的增加逐渐减少。人工打顶棉花伏桃占比随施氮量的增加而增加,秋桃占比未见明显不同。化学打顶棉花伏桃占比未呈规律性变化,秋桃比例随施氮量的增加逐渐增大。

结合果枝数变化(图 6.9)分析认为,化学打顶棉花果枝数较人工打顶多,且果枝数随施氮量的增加而增加,果枝数的增加为秋桃数量的增加提供了基础,但同时也可能造成无效果枝的增加。由图 6.10 可以看出,当施氮量大于 200 kg/hm² 后,化学打顶棉花秋桃比例逐渐高于人工打顶,这可能是因为人工打顶后果枝不再增加,秋桃只能依靠顶部果枝的伸长和果节的增加来提供结铃部位,而化学打顶后仍有果枝增长,且随施氮量的增加果枝数逐渐增加,为棉花上部更多的结铃提供可能,使得秋桃占"三桃"比例逐渐增大。

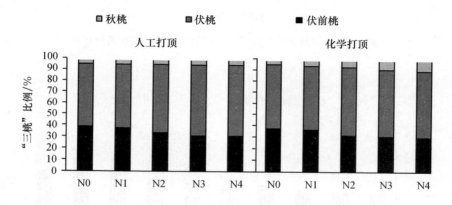

图 6.10　不同施氮量处理下两种打顶方式棉花的"三桃"比例

6.施氮量对化学打顶棉花收获期农艺性状的影响

打顶对棉花横向生长的抑制作用不会因为施氮量的增加而减弱或者消失,继而仍能对棉花进行塑型,改善棉田整体的通风透光性。两种打顶方式棉株的株高、株宽、茎粗均随施氮量的增加而增加(表 6.6)。相同施氮处理下,化学打顶棉花最终株高高于人工打顶,株宽小于人工打顶,并存在显著性差异。化学打顶棉花株宽随施氮量的增加而增加,但株宽增长量少于人工打顶。两种打顶方式棉株茎粗在同等施氮量条件下未表现出显著性差异,但化学打顶棉花平均茎粗均略粗于人工打顶。施氮量的增加对茎粗起到了促进作用,可为棉花生育后期的生长发育提供良好基础。

表 6.6 不同施氮量处理下两种打顶方式棉花收获期农艺性状

处理		株高/cm	株宽/cm	茎粗/mm
人工打顶	N0	70.37 d	44.36 c	9.42 c
	N1	73.80 c	45.67 c	9.64 c
	N2	74.67 bc	49.15 b	10.26 b
	N3	75.01 bc	52.33 a	10.89 ab
	N4	78.32 b	54.68 a	11.20 a
化学打顶	N0	75.22 bc	41.32 d	9.36 c
	N1	77.43 b	42.33 c	9.57 c
	N2	80.42 a	45.64 c	10.43 b
	N3	81.56 a	47.85 bc	11.24 a
	N4	83.60 a	49.62 b	11.53 a

7. 施氮量对化学打顶棉花叶片 SPAD 值的影响

两种打顶方式棉花 SPAD 值呈单峰曲线,峰值出现在打顶后 20 d(图 6.11)。同等施氮量条件下,各处理化学打顶棉花 SPAD 峰值均大于人工打顶棉花,且随时间推移,下降速率慢于人工打顶,在打顶后 50 d 化学打顶棉花 SPAD 值仍然处于较高水平。同一打顶方式下,SPAD 值随施氮量的增加逐渐增加,化学打顶棉花 SPAD 值随施氮量的增加,其值的变化大于人工打顶棉花。

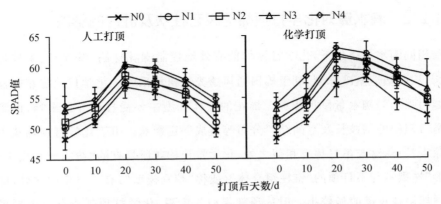

图 6.11 不同施氮量处理下两种打顶方式棉花 SPAD 值的变化

8. 施氮量对化学打顶棉花叶面积指数的影响

两种打顶方式棉花叶面积指数在打顶后 30 d 达到最大值,且同等施氮量条件下,化学打顶棉花叶面积指数明显高于人工打顶棉花,直至打顶后 50 d(图 6.12)。这表明化学打顶棉花能够使叶面积指数在生育后期依然维持在较高水平,有利于光合作用,弥补由棉花生育后期叶片脱落导致的漏光而使得光能不能有效利用的问题。同一打顶方式下棉花均表现出随施氮量增加叶面积指数增大的特点,两种打顶方式均以 N4 叶面积指数最大。两种打顶方式下,化学打顶棉花叶面积指数受施氮量影响大于人工打顶棉花。

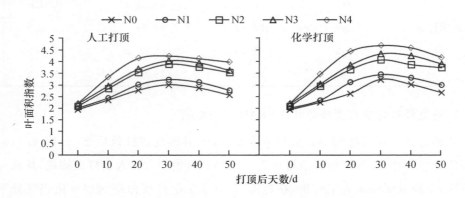

图 6.12　不同施氮量处理下两种打顶方式棉花叶面积指数的变化

6.2.2　滴水量对化学打顶棉花农艺性状及叶片的影响

在相同滴水量条件下,化学打顶均能有效地控制棉花株高、节间长、果枝长及叶枝长,从而塑造紧凑株型,利于棉田通风透光及机械采收。化学打顶棉花的株型控制能力强弱与滴水量呈负相关。棉花的整体株型主要受打顶方式影响,而滴水量只是对棉株的果枝长及空间结铃分布等造成一定影响。由于化学打顶棉花未完全去除生长点,这与不打顶有相似之处,化学打顶棉花所具有的"纺锤形"(或称"橄榄球形"株型),与不打顶的"锥柱组合体"(或称"粮仓模型")有一定相似之处,即上部及顶部果枝长度明显较小。但从顶部果枝长度看,化学打顶剂能有效控制果枝长度,对比不打顶可明显缩短果枝长度达 48%～51%。结合结铃空间分布与果枝长分析,化学打顶既能有效缩短果枝长,同时能显著增加内围铃的比重,且在低滴水量 W3 条件下,会显著增加各果枝(尤其是 1～3 台果枝)第一果节结铃比重,减少因滴水量缺失而造成的减产。同时,化学打顶能最大限度地减少顶部果枝长度及顶部无效果枝的生长,减少养分浪费,提高棉花产量。化学打顶紧凑的株型和合理的结铃空间分布也利于棉花机械化采收。

1. 滴水量对化学打顶棉花农艺性状的影响

表 6.7 为滴水量对化学打顶棉花主要农艺性状的影响。化学打顶棉花的株高、茎粗、果枝数、节间长、果枝长、叶枝长与滴水量在一定程度上成正相关。不打顶棉株未去除生长点导致其营养生长旺盛,相同滴水量条件下茎粗不打顶最高,而相同滴水量下化学打顶棉株茎粗略小于人工打顶,这可能是化学打顶棉株顶部的再生长浪费营养造成的。随着滴水量的减少,不同打顶方式棉株果枝及叶枝长均减小,各处理间化学打顶棉株长度最小,因化学打顶能有效控制棉株的横向生长。化学打顶及不打顶由于均未去除生长点,水分充足时棉株会不断产生新的果枝,但其多属于无效果枝。人工打顶棉株果枝数主要取决于打顶时已有的果枝数,且相同滴水量下化学打顶果枝数均显著小于不打顶,说明化学打顶能有效控制棉株的顶端优势。

表 6.7 滴水量对化学打顶棉花主要农艺性状的影响

	处理	株高/cm	茎粗/cm	果枝数/台	节间长/cm	果枝长/cm	叶枝长/cm
W1	不打顶	110.53 a	12.48 a	14.36 a	6.20 a	11.50 ab	34.60 a
	化学打顶	90.27 c	11.81 b	13.31 b	5.16 cd	7.30 c	24.10 b
	人工打顶	77.12 d	12.02 ab	7.67 d	5.60 bc	15.70 a	31.94 ab
W2	不打顶	105.86 a	11.68 bc	12.60 bc	5.70 b	9.00 bc	32.42 a
	化学打顶	81.28 cd	11.26 c	11.67 c	4.90 d	6.30 c	17.83 d
	人工打顶	76.84 d	12.52 a	6.60 e	5.30 c	13.60 a	20.89 cd
W3	不打顶	98.35 b	10.46 d	11.87 c	5.36 c	6.70 c	21.56 c
	化学打顶	72.61 e	10.27 e	10.29 cd	4.72 e	5.30 d	15.63 de
	人工打顶	69.30 ef	10.44 d	6.50 e	5.17 cd	10.60 ab	16.13 d

注:W1、W2、W3 分别代表高滴水量、中滴水量、低滴水量。

2. 滴水量对化学打顶棉花各部位果枝长的影响

不同打顶方式对棉花的株型塑造具有重要影响,而滴水量只是在一定程度上改变不同打顶方式棉花果枝长度及结铃空间分布,滴水量与各处理果枝长均成正相关。由表 6.8 可以看出,不打顶棉株果枝长构成"锥柱组合体"(或称"粮仓模型");化学打顶棉株果枝长构成"纺锤形"(或称"橄榄球形");人工打顶棉株果枝长构成"倒三角形"。化学打顶棉花各部分果枝长随滴水量变化的变化幅度较小。化学打顶在各滴水量条件下对棉花的横向生长均有较强的控制作用,对顶部无效果枝的控制效果尤为明显,与不打顶相比,可缩短顶部果枝长度达 50% 以上,有效减少了对无效果枝的养分供应。

表 6.8　滴水量对化学打顶棉花果枝长的影响

处理		果枝长度/cm			
		下部果枝	中部果枝	上部果枝	顶部果枝
W1	不打顶	13.7 a	14.4 ab	11.2 bc	6.6 a
	化学打顶	9.2 ab	11.2 bc	5.6 d	3.2 b
	人工打顶	13.1 a	16.7 a	17.4 a	—
W2	不打顶	11.9 a	12.7 bc	8.2 cd	4.3 ab
	化学打顶	8.0 ab	9.8 bc	5.4 d	1.9 b
	人工打顶	11.8 a	13.4 ab	15.5 a	—
W3	不打顶	8.1 a	9.9 bc	5.8 d	2.9 b
	化学打顶	6.9 b	8.2 c	4.6 d	1.5 b
	人工打顶	8.7 ab	12.5 adc	10.6 bc	—

注:W1、W2、W3 分别代表高滴水量、中滴水量、低滴水量。

在相同施氮量条件下,随着滴水量的增加,盛花期、盛铃期、吐絮期天数逐渐变大。W1 处理棉花生育期提前 12 d 左右,W3 处理棉花生育期延长 2 d 左右。同一滴水量条件下,各施氮量处理的生育进程相差 1～2 d;同一施氮量条件下,随着滴水量的增加,生育期延长,滴水量过低,生育期缩短。施氮量与滴水量对棉花生育进程的影响是交互的,同时增加滴水量和施氮量会使棉花生育期延长,而减少则会出现早衰现象。滴水量过多,会使棉花生育进程推迟。其中,滴水量比施氮量对化学打顶棉花生育进程的影响大,实际生产中可调节水量和氮肥配比,进而调节棉花生育进程。

滴水促进化学打顶棉花株高、茎粗、果枝数显著增加,即施氮量一定时,化学打顶棉花株高、茎粗、果枝数随滴水量的减少而降低,随滴水量的增加而升高。施氮量轻微调控化学打顶棉花株高、茎粗和果枝数,滴水量显著调控棉花株高、茎粗和果枝数。施氮和滴水对株高、茎粗、果枝数的影响存在显著的交互作用。随施氮量的增加,棉花的株高、茎粗、果枝数呈先增加后降低的趋势,各氮肥处理间存在显著性差异,表现为随滴水量的增加,化学打顶棉花株高、茎粗、果枝数呈增加趋势。中氮处理化学打顶棉花株高随滴水量的增加呈抛物线趋势,且差异显著。滴水施氮在一定条件下可控制棉花株高、果枝增长,促进植株茎粗增加。

3.滴水量对化学打顶棉花叶绿素(Chl)含量的影响

有研究指出,某些作物在一定条件下滴水量与叶绿素含量成正相关;但也有研究指出,某些胁迫条件下叶绿素含量也会出现上升。表6.9为滴水量对化学打顶棉花叶绿素含量的影响。打顶后随着生育进程的推进,化学打顶棉花叶片叶绿素含量变化总体呈现先升后降的趋势。相比人工打顶及不打顶,化学打顶能有效提高棉株叶绿素含量,有利于维持更高的光能捕获、传递及转换能力。

表 6.9　滴水量对化学打顶棉花叶绿素含量的影响　　　　　　mg/g

处理		打顶后天数/d						
		0	7	17	28	38	49	63
W1	不打顶	1.74 a	2.02 c	2.24 a	2.38 ab	2.42 a	2.09 ab	1.84 abc
	化学打顶	1.74 a	2.16 b	2.28 a	2.33 abc	2.24 ab	2.05 ab	2.00 a
	人工打顶	1.74 a	2.34 a	2.49 a	2.14 c	1.83 c	1.83 bc	1.65 d
W2	不打顶	1.74 a	2.25 ab	2.25 a	2.21 bc	1.90 c	1.83 abc	1.66 cd
	化学打顶	1.74 a	2.25 ab	2.45 a	2.43 a	2.18 ab	2.14 a	1.89 ab
	人工打顶	1.74 a	2.21 b	2.38 a	2.15 c	2.29 ab	1.98 abc	1.81 ab
W3	不打顶	1.74 a	2.27 ab	2.23 a	2.21 bc	1.97 bc	1.77 c	1.62 d
	化学打顶	1.74 a	2.17 b	2.26 a	2.13 c	2.18 ab	2.23 a	1.74 bcd
	人工打顶	1.74 a	2.22 ab	2.26 a	2.32 abc	2.10 bc	2.15	2.00

注:W1、W2、W3分别代表高滴水量、中滴水量、低滴水量。

4. 滴水量对化学打顶棉花过氧化物酶(POD)含量的影响

POD 是植物体内清除过氧化物、降低活性氧对植株伤害的主要酶之一。一般随着植株的老化，体内 POD 活性会变高，这是因为 POD 能使组织中所含的某些碳水化合物转化成木质素，增加木质化程度。由表 6.10 可知，随着生育进程的推进，各处理的 POD 含量均出现上升。在相同滴水量条件下，化学打顶棉株 POD 含量最高，不打顶次之，人工打顶最小。化学打顶棉花具有更好的 POD 调节能力，具有较高的 POD 含量，在逆境时可以更好地清除自由基，降低氧化伤害。

表 6.10 　滴水量对化学打顶棉花 POD 的影响　　　　　　　　　　U/mg

处理		打顶后天数/d				
		0	12	27	43	64
W1	不打顶	24.20 a	34.42 bc	48.58 a	197.96 c	356.86 ab
	化学打顶	24.20 a	33.08 bc	48.28 a	348.70 a	414.86 a
	人工打顶	24.20 a	32.62 bc	24.32 cd	105.75 ef	208.63 bcd
W2	不打顶	24.20 a	39.30 ab	26.98 bc	129.31 de	243.72 bcd
	化学打顶	24.20 a	44.06 a	28.17 bc	153.05 d	340.20 ab
	人工打顶	24.20 a	31.96 bc	34.92 b	117.58 def	142.55 cd
W3	不打顶	24.20 a	31.37 bc	19.58 cd	144.06 d	146.56 cd
	化学打顶	24.20 a	31.63 bc	21.93 cd	245.14 b	282.73 abc
	人工打顶	24.20 a	26.44 c	16.35 d	88.10 f	110.74 d

注：W1、W2、W3 分别代表高滴水量、中滴水量、低滴水量。

5. 滴水量对化学打顶棉花超氧物歧化酶(SOD)含量的影响

SOD 是植物抗氧化防御系统的第一道防线，是生物体内特异性清除超氧阴离子自由基的蛋白酶，是植物体清除细胞在需氧代谢过程中产生的一系列活性氧簇的活性酶之一，是细胞内保护酶系统中的重要抗氧化酶，尤其在防止超氧自由基对脂膜产生氧化方面作用显著，在细胞的抗氧化防衰老方面具有重要意义。在某种程度上来说，SOD 的活性高低标志着植物自身抗氧化防衰老能力的强弱。

表 6.11 为滴水量对化学打顶棉花 SOD 含量的影响。梯度滴量在棉株生育前

中期并未对 SOD 含量产生影响,可能是降雨对低滴水量处理进行了水量补充,因而未造成干旱胁迫。但随着生育进程的推进,植物逐渐老化,幼嫩器官减少,因而各处理 SOD 含量整体上在逐渐减小。SOD 在不同滴水量下的调节作用主要体现在生育中后期,相同滴水量下化学打顶棉株 SOD 含量都相对较高,尤其是在低滴水量 W3 下显著大于其他两种打顶方式,可以推论化学打顶棉株具有更灵敏的 SOD 调节能力,能快速提高 SOD 含量,从而降低自由基对膜脂的伤害。

表 6.11　滴水量对化学打顶棉花 SOD 含量的影响　　　　　　　　U/mg

处理		打顶后天数/d				
		0	12	27	43	64
W1	不打顶	517.73 a	583.96 a	638.54 b	345.94 d	348.48 de
	化学打顶	517.73 a	528.23 bc	670.61 ab	593.85 ab	441.82 a
	人工打顶	517.73 a	551.65 b	745.89 a	459.39 c	370.26 cd
W2	不打顶	517.73 a	483.00 d	628.78 b	551.83 bc	391.00 bc
	化学打顶	517.73 a	540.35 bc	646.90 b	630.26 a	422.12 ab
	人工打顶	517.73 a	543.58 b	747.29 a	567.24 b	320.48 e
W3	不打顶	517.73 a	512.08 c	649.69 ab	570.04 b	371.30 cd
	化学打顶	517.73 a	550.04 b	571.62 b	626.06 a	409.67 ab
	人工打顶	517.73 a	536.31 b	655.27 ab	591.05 ab	355.74 cde

注:W1、W2、W3 分别代表高滴水量、中滴水量、低滴水量。

6. 滴水量对化学打顶棉花丙二醛(MDA)含量的影响

MDA 是膜脂过氧化的最终产物,是膜系统受伤害程度的重要指标之一,其含量越高,表明细胞组织的保护能力越差,即细胞膜受到逆境胁迫的伤害越严重。由表 6.12 可知,随着生育进程的推进,各处理 MDA 含量整体呈现上升趋势,这可能与棉株的自然衰老有关。在相同滴水量条件下,不同打顶方式 MDA 含量化学打顶处于中间,且随着生育进程的推进,同一滴水量下的 MDA 含量差距也在逐渐加大。相同打顶方式下,滴水量越小,MDA 含量越高。同一时期下,化学打顶高滴水量 W1 与低滴水量 W3 的 MDA 含量差值较其他两种打顶方式最小。化学打顶在各滴水量条件下膜脂损伤程度较低且 MDA 变化幅度小,这可能与化学打顶棉花抗氧化酶有较强的调节能力有关,在膜脂损伤前就将自由基清除,从而保证棉株的正常生长。

表 6.12　滴水量对化学打顶棉花 MDA 含量的影响　　　　　　　　　　nmol/mg

处理		打顶后天数/d				
		0	12	27	43	64
W1	不打顶	1.82 a	2.08 cd	2.58 e	2.63 c	2.94 e
	化学打顶	1.82 a	2.08 cd	2.04 de	3.92 ab	3.87 cd
	人工打顶	1.82 a	2.14 cd	2.96 cde	3.23 bc	4.17 bc
W2	不打顶	1.82 a	1.98 d	2.63 f	2.85 c	3.28 de
	化学打顶	1.82 a	2.24 bcd	2.74 cd	3.17 bc	3.43 de
	人工打顶	1.82 a	2.50 ab	3.06 cd	4.14 ab	4.36 bc
W3	不打顶	1.82 a	2.14 cd	3.28 de	4.19 ab	4.22 bc
	化学打顶	1.82 a	2.34 abc	3.49 b	4.19 ab	4.80 ab
	人工打顶	1.82 a	2.60 a	4.68 a	4.52 a	5.10 a

注:W1、W2、W3 分别代表高滴水量、中滴水量、低滴水量。

　　总之,化学打顶是指应用叶面喷施植物生长调节剂的方法,从棉花自身出发使棉花生长状态发生变化,达到自打顶的效果。化学打顶在各滴水量条件下均能提高棉株叶绿素含量,相比人工打顶及不打顶,化学打顶能有效提高棉株叶绿素含量,有利于维持更高的光能捕获、传递及转换能力。这可能与化学打顶棉株受植物生长激素的影响,造成其顶部叶片紧缩,加之没有完全去除顶端优势,养分持续输送,致使顶端叶片肥厚、叶色较深有关。

　　POD、SOD 都是构成抗氧化酶系统的主要酶之一,其能够提高植物细胞抗氧化保护能力。通常,在逆境条件下植物会产生一系列生理生态变化,逆境导致的活性氧(ROS)积累及其引起的氧化胁迫是造成植株损伤的主要原因。POD 含量随着生育进程的推进逐渐升高,而 SOD 含量则是先上升后下降。两者共同的特点是化学打顶棉株在相同滴水量条件下,酶活性均最高,且酶活性与滴水量成正比。各滴水量下化学打顶棉株均有较高的酶活性,说明化学打顶棉花具有更灵敏的 SOD 及 POD 调节能力,有利于棉株抵抗逆境条件。各处理整体 MDA 含量呈现上升趋势,这可能与植株老化、抗氧化酶活性降低有关。同时,各滴水量条件下化学打顶棉株倒四叶片中的 MDA 含量均较低,说明化学打顶棉株受到的逆境伤害最小。

6.3　化控技术

6.3.1　甲哌鎓系统化控技术

要实现化学打顶理想效果,还需配合甲哌鎓的使用。一般在打顶前 5～7 d 需要进行一次化控,5～8 g/亩为宜,具体需要结合棉田长势确定用量。长势稳健棉田可适当减少甲哌鎓用量,以 3～5 g/亩较好;旺长棉田则需要加大甲哌鎓的用量,建议喷施 6～8 g/亩。打顶后一般还需进行两次重控。第一次在打顶后 7～10 d,根据棉花长势喷施甲哌鎓 5～10 g/亩,达到打顶尖和侧枝的作用。第一次不宜太重,否则容易导致上部三台果枝长度较短,皱缩在一起,影响坐铃,还有可能导致蕾铃脱落。再间隔 7～10 d,进行第二次重控,根据棉花长势喷施甲哌鎓 8～15 g/亩,达到彻底打顶尖和侧枝的作用。建议选择无人机进行喷施,现阶段吊杆式拖拉机入地作业会对棉铃造成一定的损失。

甲哌鎓化学调控可有效提高棉花产量和品质。甲哌鎓应用前期仅是为短期解决棉花因无限生长特性及环境因素共同导致的徒长问题。随着甲哌鎓在棉田中的广泛应用,科研人员发现简单应用甲哌鎓并不能很好地解决徒长问题;同时随着对甲哌鎓作用机理的不断深入研究,其对棉花各方面的调控效果逐渐明晰,后逐渐形成以"定向诱导"棉株各器官生长发育为目的的系统化学调控技术。苗期调控目的是促根壮苗与抵抗逆境;蕾期调控目的是继续促进根系发育、增强抗旱涝能力、为水肥合理运筹消除后顾之忧、简化前期整枝等;初花期调控目的是增强根系活力、促进棉铃发育;盛花期及打顶后调控目的是增加同化产物向产量器官中的输送、终止后期无效花蕾的发育及防止棉花的贪青晚熟和早衰。我国三大棉区的降雨量、年积温、耕作模式与机械化程度等均有所不同,甲哌鎓系统化控技术也各有不同。依据前人试验及总结,目前三大棉区的甲哌鎓用量、施用时间及次数等问题已基本明晰(表 6.13)。

表 6.13　三大棉区甲哌鎓施用时期及用量　　　　　　　　　　　g/hm²

施用时期	西北内陆棉区		黄河流域棉区	长江流域棉区
	北疆棉区	南疆棉区		
1～2 片真叶期	4.5～7.5	4.5～7.5	—	—
4～8 片真叶期	7.5～15.0	7.5～15.0	—	—
现蕾期	15.0～22.5	18.0～22.5	7.5～15.0	—
初花期	22.5～30.0	22.5～37.5	22.5～30.0	30.0～37.5
盛花期	30.0～37.5	22.5～37.5	45.0～52.5	45.0～52.5
打顶后期	90.0～150.0	90.0～120.0 120.0～150.0	60.0～75.0	60.0～75.0

　　上述甲哌鎓应用技术针对三大棉区广泛区域,在各棉区实际棉花种植中仍需针对棉花品种、土壤肥力及水肥管理等进行适当调整。西北内陆棉区,以新疆棉区为代表,从苗期开始进行甲哌鎓调控,最终实现棉花高产、高效和优质。其中,新疆昌吉市、哈密市等次宜棉区在棉花种植中实行"早、密、矮"技术,适当增加甲哌鎓用量,促进棉花生长,提前生育期。黄河流域棉区中,黄河三角洲盐碱地因土壤肥力较差,甲哌鎓用量应适当减少,以保证棉花正常生长。不同棉花品种的甲哌鎓敏感性不同,随着棉花新品种的不断研发与推广,科研工作者针对棉花品种特性形成适宜的甲哌鎓化控方案。

6.3.2　外源物质化控调节技术

　　化学调控技术是农作物生产中新的技术手段,外源物质是实现调控技术的重要材料。近些年来,人工费用越来越高,雇工很困难,而棉花打顶依靠大量人工,费时耗工严重减少了农民的收入,且制约了棉花生产过程中全程机械化的发展。在众多的栽培技术中,化学打顶是近几年快速发展起来的替代人工打顶的有效途径。采取化学打顶可以节约时间、节省劳动支出、提高劳动效率,具有较好的经济效益及良好的市场前景。随着外源物质在多种作物上的广泛应用,人们越来越重视外源物质在棉花上的使用。利用外源物质定向调控棉花的生长发育,有利于减少棉株营养物质的消耗,增强棉花的抗逆性与抗病性,在提高产量、促进早熟、改善品质和提高种植效益等方面发挥了重要作用。棉花生长周期较长,营养需求量大,生长后期植株易早衰,影响产量的形成。因此,如何运用外源物质以及化学试剂来调控棉花的顶端优势,调节棉花的成铃强度和单株生物量积累强度,调节营养生长和生殖生长的关系,最大限度地提高伏桃和早秋桃成铃是全优质化控栽培需要解决的当务之急。目前,辛酸甲酯、油菜素内酯、复硝酚钠和萘乙酸钠等外源物质在调控农作物上的研究和应用都已经十分广泛,但化学打顶后,喷施不同外源物质对棉花农艺性状、光合生理及产量、品质的影响研究还未见报道。因此,以化学打顶棉花为研究对象,开展不同剂量的外源物质对棉花农艺性状、保护酶活性、渗透调节能力、光合特性以及产量形成的影响的研究,对提高棉花产量并改善棉花纤维品质,提高化学打顶应用以及棉花增产增效具有实践价值和重要意义。

1. 多种外源物质应用效果

新疆农业大学以北疆大面积推广种植的新陆早 57 号为试验材料,采用辛酸甲酯、油菜素内酯、复硝酚钠、萘乙酸钠 4 种外源物质,研究外源物质对化学打顶棉花农艺性状、抗氧化酶活性、渗透调节能力、光合特性及产量形成的影响。通过综合分析和评价各指标的变化规律,研究筛选出效果最佳的外源物质及其使用剂量,为棉花生产中进一步完善和提高棉花化控技术提供了参考依据。

4 种不同剂量的外源物质均能显著提高棉花叶片超氧化物歧化酶(SOD)、过氧化物酶(POD)的活性,降低可溶性蛋白(SP)、可溶性糖(SS)和丙二醛(MDA)的含量。其中,对 SP、SS、MDA 含量的调控效果为复硝酚钠>辛酸甲酯>萘乙酸钠>油菜素内酯;对 SOD、POD 活性的调控效果为油菜素内酯>辛酸甲酯>复硝酚钠>萘乙酸钠。辛酸甲酯处理的最佳调控剂量为 75 mL/hm²,油菜素内酯的最佳调控剂量为 15 mL/hm²,复硝酚钠的最佳调控剂量为 7.5 mL/hm²,萘乙酸钠的最佳调控剂量为 3 mL/hm²。

图 6.13 为不同剂量外源物质对棉花叶片丙二醛、可溶性蛋白、可溶性糖含量的变化。

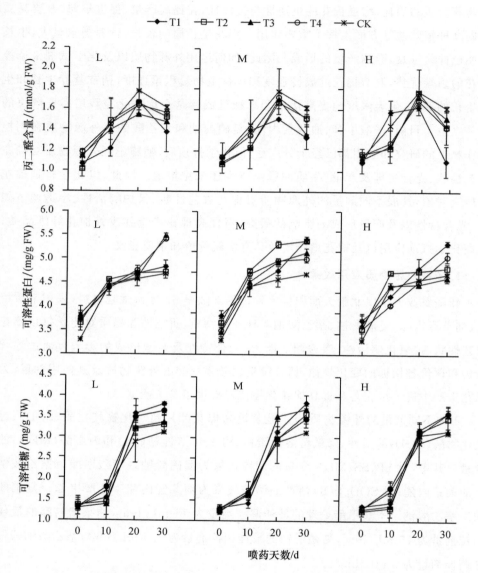

图 6.13 不同剂量外源物质对棉花叶片丙二醛、可溶性蛋白、可溶性糖含量的变化

注：L、M、H 分别表示低剂量、中剂量、高剂量。

图 6.14 为不同剂量外源物质对棉花叶片超氧化物歧化酶含量、过氧化物酶含量的变化。

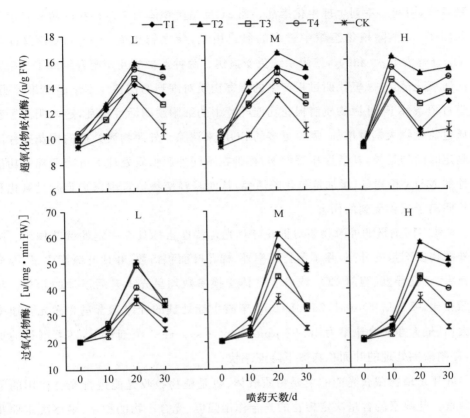

图 6.14　不同剂量外源物质对棉花叶片超氧化物歧化酶含量、

过氧化物酶含量的变化

注:L、M、H 分别表示低剂量、中剂量、高剂量。

　　研究表明,外源物质可增加棉花叶片 SS 和 SP 含量,尤其是在外源物质处理 30 d 后增加幅度最大。不同剂量的外源物质与对照相比,增大了 SS 和 SP 含量, 这与前人对外源水杨酸、6-BA、甲哌鎓、多效唑、矮壮素和赤霉素的研究结果一致。 这可能是棉花叶片吸收了外源物质的成分,进一步提高了 SS 和 SP 含量,有效维 持较高的细胞渗透调节能力并促进了蛋白质的合成,增加了 SP 的可溶性,减少沉 淀,提高了细胞抗保水能力,减轻水分丧失,从而提高了棉花叶片的抗逆能力。当 植物受到环境胁迫时,保护酶系统的平衡被打破,细胞内积累过多的氧自由基,破坏膜系统,引起一系列生理生化紊乱。而 SOD 是生物体内天然存在的超氧自由基清除因子,可消除植物组织中过多的氧自由基,使之转化成 H_2O_2,POD 又能将 H_2O_2 分解为 H_2O 和 O_2,使膜系统免受损伤。两种保护酶互相配合组成了一条完整的防氧化链条,减轻代谢过程产生的有害物质对细胞的伤害。本试验结果表明,化学打顶条件下,外源物质使棉花功能叶片中的细胞膜酶活性紊乱,超氧阴离子和膜质过氧化物大幅度增加,需要更多的 SOD 来清除。外源物质处理的棉花叶片随着测定时间的延长,其活性显著增加,棉种在不同外源物质处理下可降低棉花功能叶片的 MDA 积累量,增加抗氧化酶活性,从而减轻植物器官因保护膜脂过氧化和超氧阴离子累积受到的伤害。

4 种不同剂量的外源物质对棉花叶片光合特性指标具有一定的调节作用。随着外源物质剂量的升高,除了蒸腾速率外,棉花叶面积指数、叶片叶绿素含量、净光合速率、气孔导度、胞间 CO_2 浓度等气体交换参数均呈先上升后下降的趋势。与对照相比,喷药后 10 d 时,75 mL/hm² 辛酸甲酯处理的叶绿素含量和净光合速率最大,且最大净光合速率为 40.97 $\mu mol/(m^2 \cdot s)$。在 3 个剂量下,随着剂量的加大,复硝酚钠处理的叶面积指数下降速率快。

叶片是植物截获光能的主要物质载体,也是植物吸收光能进行光合作用的重要器官。叶绿素的含量决定棉花的光合作用强度、光合产物的积累,最终决定棉花的产量。在光合气孔限制分析中,胞间 CO_2 浓度的变化方向是决定光合速率变化的主要原因和是否为气孔因子的一个必不可少的标准。Wu 等分析认为,外源茉莉酸甲酯和冠霉素可提高净光合速率、蒸腾速率、气孔导度和胞间 CO_2 浓度。梁鹏等研究了 α-萘乙酸(NAA)对干旱和复水处理条件下光合作用的影响。研究表明,干旱条件显著降低了净光合速率、气孔导度、胞间 CO_2 浓度和蒸腾速率,NAA 预处理造成了干旱处理后光合参数和其他生理指标的降低。

棉花的光合速率和叶绿素含量随化学打顶剂用量的增加先升高后降低,并呈显著的正相关。棉花植株在群体结构中具有较高的自我调节能力,且具有较低的剂量梯度,能够调节植株的冠层结构。棉花可以通过自我调节提高棉花植株上、中叶的比例,为植物生长提供充足的绿叶面积。但是,当剂量梯度太大时,棉花植株的自我调节会受到限制,下部叶片的比例会增加,上部叶片的比例会降低,从而降低棉花植株的光合作用。

4 种不同剂量的外源物质对棉花各项农艺性状和产量形成指标具有明显的剂量效应。喷施各外源物质后,不同处理的单株成铃数、单铃重、衣分及增产率均高于其他剂量。其中,在 75 mL/hm² 的辛酸甲酯、150 mL/hm² 的辛酸甲酯、7.5 mL/hm² 的复硝酚钠、15 mL/hm² 的油菜素内酯下,棉花生物量增加,籽棉产量提高。75 mL/hm² 辛酸甲酯效果最佳,较对照籽棉产量增加了 25.88%。7.5 mL/hm² 复硝酚钠、15 mL/hm² 油菜素内酯次之。

外源物质能对植物生长起到一定的调节与控制作用,适宜剂量的外源物质可以促进植物生长或产量提升,而剂量不适则会抑制植物生长,甚至导致植物死亡或者早衰的现象。棉花的产量及品质除了与其品种特异性及环境条件等因素有关外,外源物质的使用也会对其产生影响。研究表明,4 种外源物质对棉花农艺、产量及纤维品质影响不同,各处理下随着剂量梯度的变化,各性状也发生不同程度的变化。在盛花期,叶面喷施外源物质对化学打顶棉花的农艺性状、生物量积累、产量形成及品质等都会产生有一定的影响。生物量是产量的物质基础,产量和生物量成密切的正相关。邓忠研究认为,通过在棉花不同生育时期叶面喷施甲哌鎓,随水滴施多效唑、促根剂和多效唑+促根剂的研究结果表明,在不同外源物质处理下,棉株生物量积累均随生育期延长而持续增加,有效地改善了棉花单株成铃数,单铃重显著增加,提高了马克隆值和衣分,增强了纤维的断裂比强度。在盛花期喷施不同外源物质有利于棉花的发育及生物量的积累,促进棉花单株成铃数和单铃质量的增加,从而提升棉花产量。但是不同的外源物质及施用方法对生物量积累具有不同的影响效应。化学打顶技术能显著影响棉花的生长发育,使植物高度生长受到抑制,在棉花体内造成植物激素的变化,这些变化最终造成了对棉花产量和品质的影响。在生产上,种植密度、品种、后期水肥管理、施氮量和打顶时间等栽培因素的影响,限制了打顶后棉铃生长和棉株生长的最大效益。

2. 外源物质复配应用效果

新疆农业大学以"闫棉"67 号为试验材料,以复硝酚钠 15 g/hm²(CK1)为基础,分别添加萘乙酸钠 15 g/hm²(T1)、调环酸钙 30 g/hm²(T2)和胺鲜酯 30 g/hm²(T3),同时设置清水对照(CK2)处理,分别于棉花化学打顶前后 10 d 各喷施一次。本试验研究外源物质复配对化学打顶棉花农艺性状、干物质量积累与分配、养分吸收积累、棉铃发育及产量形成和品质的影响。通过综合分析和评价各指标的变化规律，研究人员筛选出对棉花产量及品质效果最优的配方，为棉花生产中进一步完善和提高化学打顶棉花高产栽培配套技术提供了参考依据。

不同外源物质复配处理对化学打顶棉花的农艺性状影响有差异，各处理均能够有效调节棉花的农艺性状。复硝酚钠和胺鲜酯复配对棉花株高生长具有促进作用，复硝酚钠和调环酸钙处理对棉花株高生长具有抑制作用。各处理均提高了棉花果枝数，复硝酚钠和胺鲜酯复配效果最好，增加了 9.05％（两年平均数），其次为与萘乙酸钠和调环酸钙复配的处理。各处理对棉花主茎叶片数量增加效果表现为复硝酚钠和萘乙酸钠复配＞复硝酚钠和调环酸钙复配＞复硝酚钠和胺鲜酯复配。不同外源物质复配处理后，棉花蕾数和铃数随时间增加出现先增加后下降的趋势，但在 2019 年表现出显著差异。

随着作物栽培技术的不断完善，外源物质在栽培过程中的应用越来越广泛，外源物质处理在一定程度上调节了植物的生长发育。外源物质对棉花株高、果枝数、果节长度有显著影响，如化学打顶的棉花株高普遍比人工打顶高 5～10 cm，化学打顶棉花株型紧凑。Wang L 等的研究发现，棉花主茎节生长主要和赤霉素有关，外源物质可以控制赤霉素的生物合成和信号表达，从而调节棉花节间长度。本研究中，在棉花化学打顶前后 10 d 各喷施一次外源物质复配处理，两年试验结果表明处理 T1 和 T3 促进了棉花株高生长，处理 T2 降低了棉花株高生长，这可能是和药剂本身性质相关，也可能是不同药剂复配后产生协同作用，促进棉花生长。李雪等通过试验研究发现，喷施外源物质后表现出较好的抑制棉花顶芽生长的效应，提高棉花的果枝数。阿力木江·克来木等的研究表明，对化学打顶棉花进行喷施外源物质处理，可以提高棉花的果枝数、蕾数、铃数等，这说明在棉花叶面喷施适宜的外源物质能有效抑制棉花株高生长，调节棉花农艺性状，构建良好的群体结构。不同外源物质复配处理增加了棉花主茎叶片数和果枝数，主茎叶片数和果枝数的增加让棉花表现出很好的增产潜力。两年试验中棉花蕾数和铃数随时间增加均呈现先增加后下降的趋势，T1 和 T3 处理增加了棉花的蕾数和铃数，但是 T2 处理在2020 年降低了棉花的结铃数，这可能是 T2 处理后棉株体内激素水平发生改变，激素失去平衡,造成棉铃脱落。因此,在生产中可以根据棉株生长的实际情况,施用不同的外源物质复配剂来适当地调节棉株生长。

不同外源物质复配对棉花叶片中叶绿素含量、地上部生物量积累与分配、养分吸收累积均产生一定影响。不同外源物质复配处理可以在药后迅速提高叶片中叶绿素的含量,增加棉花地上部干物质的积累量。2019年复硝酚钠和调环酸钙复配处理显著提高了棉花叶片和茎秆质量,但2020年复硝酚钠和胺鲜酯复配处理显著提高了棉花叶片和茎秆质量,两年试验中复硝酚钠和胺鲜酯复配处理显著提高了棉花生殖器官(蕾、花、铃)质量。复硝酚钠和胺鲜酯复配处理棉花叶片全氮积累量最高,为(26.59±0.43)g/kg,同时增加了茎秆中氮的积累量。复硝酚钠和萘乙酸钠复配处理显著提高了棉花茎秆中的全磷积累量。复硝酚钠和胺鲜酯复配处理显著增加了全钾积累量,同时提高了棉铃的钾含量,较单施复硝酚钠增加了8.28%,较清水处理增加了6.40%。

营养生长与生殖生长是构成棉花个体发育的两个基本过程,二者相互制约,相互促进,是增加棉花产量、提高棉花纤维品质的基础。适宜的外源物质对棉花植株生殖生长与营养生长的调节具有促进作用。张龙的研究表明,外源物质可以显著提高烤烟植株干物质积累量。杜连涛等的研究表明,花生结荚期叶面喷施调环酸钙,能够促进花生叶片光合作用,增加冠层的光合积累,促进植株干物质积累量。本研究中,外源植物生长调节剂复配处理提高了棉花叶片中的叶绿素含量,从而提高棉花的光合积累,促进植株对养分的吸收和累积,提高棉花干物质的累积量。但2020年复硝酚钠和调环酸钙复配处理仅显著增加了棉花的茎秆质量,可能是由于调环酸钙为生长抑制剂,复配后较2019年施药环境发生改变,具体原因还有待进一步研究。郑莎莎等的研究表明,棉花叶面喷施适宜浓度的复硝酚钠、油菜素内酯、6-BA等外源物质处理后能够提高棉花植株生物量的积累。邓忠等的研究表明,不同调节剂处理下植株干物质积累均随棉花生育期的延长而持续增加,适宜的外源物质处理能加快棉花植株发育,加快植株生物量的累积。这说明棉花叶面喷施适宜的外源物质能促进棉花的生长发育。外源物质复配处理增加了棉花茎秆、叶片和生殖器官(蕾、花、铃)的生物量,且均达到显著性差异。复硝酚钠与胺鲜酯复配效果最优,随着施药时间的增加,显著增加了生殖器官占比,为棉花高产提供必要的条件。

棉花各生育期生物量的积累及分配是产量形成的基本保证,生物量积累及分配对植物的产量和品质具有直接影响,它可以直接反映植株对养分的吸收情况,而生物量积累及分配是依靠植株对养分的吸收能力。前人研究发现,植物生长调节剂对养分利用效率均有不同程度的促进作用,在不同时期增加植株内氮、磷、钾含量。袁金蕊等的研究表明,喷施外源物质处理可显著提高植株中的氮含量。刘国顺等的研究表明,外源物质能够显著促进根系对氮、磷、钾主要养分元素的吸收,提高烟叶的养分元素含量和品质。在棉花上喷施植物生长调节复配剂处理,均提高了棉花茎秆、叶片、蕾和花、铃中的氮积累量,复硝酚钠和胺鲜酯复配剂处理氮积累量最高,同时显著增加了磷的积累量。不同植物生长调节复配处理显著提高了棉铃中钾的积累量,但各复配处理降低了棉花叶片中钾的积累量,复硝酚钠和胺鲜酯复配处理显著增加了棉花茎秆的钾积累量,处理复硝酚钠与萘乙酸钠、调环酸钙显著提高了棉花蕾和花中的钾积累量。王惠英等的研究表明,喷施生长调节剂可以起到促进棉花对养分的吸收和改变植株体养分分配的作用。这说明棉花叶面喷施外源物质能调节棉花对养分的吸收与利用,从而调节棉花的生长发育,促进生殖器官的发育。喷施植物生长调节复配剂均提高了棉铃中的养分含量,调节了棉株中不同部位的氮、磷、钾含量,促进了养分的转化,提高了棉花生殖器官的占比,进而提高了棉花的增产潜力。

不同外源物质复配对棉花棉铃发育、产量及产量构成因素产生一定影响。养分吸收与累积是生长发育的基础,复硝酚钠和胺鲜酯复配处理促进棉铃养分吸收,促进棉花生长发育,因此显著提高了棉花的伏前桃和伏桃数量,复硝酚钠和胺鲜酯复配处理下的伏桃、秋桃数量较单施复硝酚钠处理分别提高 9.27%、17.74%,较清水处理分别提高 13.25%、25.86%,同时促进了棉铃体积的增长。不同复配处理提高了棉花单株结铃数、单铃重和籽棉产量,其中复硝酚钠和胺鲜酯复配处理最好,较清水处理单株结铃数和籽棉产量分别提高了 9.49%、13.57%(均为两年平均数),促进了棉花中部和上部的纤维发育。

外源物质施用对棉铃发育具有促进作用,提高了棉花的单株铃数、单铃重等影响产量的主要因素。刘保军等的研究发现,复硝酚钠与胺鲜酯与化肥复配施用,对棉花化肥吸收率有明显的促进作用。阿力木江·克来木等的研究发现,喷施外源物质后,能够有效增加棉花成铃数,提高单铃重,从而提高籽棉产量。李永山等的研究认为,喷施化学调控剂可以加快棉花生育进程及缩短棉花吐絮时间,提高单株结铃数和单铃重。外源物质复配处理提高了棉铃铃壳和纤维对全氮、全磷及全钾的吸收累积,从而促进棉铃发育,增大了棉铃体积,增加了单铃重,加快了棉花生育进程,提高了伏前桃和伏桃发育数量,增加了单株结铃数及单铃重,进而增加了籽棉产量。邓忠等的研究发现,外源物质能提高马克隆值和衣分率,增强纤维的断裂比强度。外源物质能有效地增加棉花前期结铃率,加快棉铃生长,加速纤维成熟,为提高产量、显著改善品质发挥了重要作用。外源物质复配处理提高了棉花上部和中部纤维长度、整齐度、马克隆值等,有效地改善了棉花的纤维品质。可见,该研究对棉花栽培高产目标的实现具有重要意义,其施药浓度配比和生理代谢机理尚需进一步研究。

3. 外源物质滴施应用效果

本节相关田间试验以新陆早 67 号为材料在新疆库尔勒和什力克乡进行,采用随机区组试验设计,共设 5 个处理:叶面喷施 225 g/hm² 甲哌鎓为处理 1(CK1),人工打顶为处理 2(CK2),滴施甲哌鎓 450 g/hm² + 调环酸钙 450 g/hm² + 5% 烯效唑 150 g/hm² 为处理 3(DKS),滴施甲哌鎓 450 g/hm² + 调环酸钙 450 g/hm² + 40% 乙烯利 300 g/hm² 为处理 4(DKE),滴施甲哌鎓 450 g/hm² + 调环酸钙 450 g/hm² + 胺鲜酯 150 g/hm² 为处理 5(DKD)。我们通过测定不同处理下棉花农艺性状、棉铃时空分布、叶绿素含量、冠层结构指标、干物质积累及分配、脱叶吐絮效果、产量构成及其纤维品质,探究滴施不同外源物质对棉花生长发育特性、冠层结构、脱叶催熟及产量品质的影响。

与对照相比,滴施外源物质进行化学打顶的棉花株高均有所增加,DKS 处理的株高最矮,较 CK2 显著增加了 6.52%;各处理的上部节间长均较 CK1 增加,较 CK2 减小,DKS 处理的上部节间长最短;DKD 处理的果枝数最多,较 CK2 增加了 8.42%;DKS 处理的上部果枝最短,较 CK2 缩短了 50.86%;DKD 处理的伏桃数最多,较 CK1 和 CK2 分别增加 16.59%、18.75%,DKS 处理的伏桃比例最高;试验处理的内围铃比例均较对照提高。

株高、节间长、果枝长是判断棉花主茎生长发育状态的重要农艺指标,对其进行合理控制有利于协调棉花营养生长与生殖生长,是均衡棉花生长和获得高产的基础。本试验中叶面喷施甲哌鎓和其他随水滴施处理的棉花株高较人工打顶高 4.43～13.60 cm,这与赵强等的研究结果一致。随水滴施处理中的 DKS 处理对棉花上部节间长的缩短效果最佳,较 CK1 有所增加,但较 CK2 降低了 24.91%。人工打顶株型松散,化学打顶能有效缩短棉花的果枝长,使棉花株型紧凑,呈现塔形,改善群体间通风透光情况。棉铃合理的时空分布有利于提高棉花的产量及品质,内围铃、中部铃增多有利于高产优质棉花的生产。研究表明,DKD 处理的棉花内围铃数有所提高,上部铃数有所增加,单株结铃数增加。董春玲等的研究表明,化学打顶后棉花秋桃数比例增加,棉花纤维品质有所降低。本试验中试验处理三桃比分配合理,DKD 处理的伏桃数较其他处理分别显著增加 16.59%、18.75%,其内围铃也较人工打顶增加了 18.87%。

与对照相比,滴施外源物质进行化学打顶均降低了棉花的叶绿素含量,DKD 处理的叶绿素含量相对较高,较 CK1 处理降低了 18.00%;各处理的叶面积指数均显著提高,DKD 处理的叶面积指数最高,较 CK1、CK2 分别增加了 12.80%、11.11%;叶倾角均小于对照处理,冠层内不同部位 DKD 处理的叶倾角均最小;各处理透光率在 10.00%～13.22%,没有显著差异。在干物质积累方面,DKD 处理的总干重和蕾铃干重最高,DKS 处理的蕾铃占比最高。

叶绿体是光合作用的最小单位,通过对功能叶叶绿体含量的测量可以一定程度上衡量植株光合作用能力的高低。研究表明,随水滴施外源物质进行化学打顶均降低了叶绿素含量,随水滴施处理中 DKD 处理的叶绿素含量最高。甲哌鎓调控技术有利于棉花干物质积累增加,对地上部棉花养分吸收具有促进作用,同时促进干物质向生殖器官的转运与分配。DKS、DKD 处理的干物质快速积累时期均有所推迟,DKE 处理则有提前的趋势,同时,DKE、DKD 处理的快速积累持续期均较对照有所缩短,但 DKD 处理通过提高最大积累速率来最终使其干物质最大积累量达到随水滴施处理中的最高水平,较 CK2 增加了 19.22%,这也可能是因为人工打顶群体隐蔽于冠层中下部,光合有效面积减小,进而影响了棉花的物质生产。

叶面积指数是反映冠层结构性能的重要指标之一,杜明伟等人的研究显示,棉花保持较高的叶面积指数和较长的持续期是保证高产的重要前提。本研究中,滴施外源物质进行化学打顶对棉花叶面积指数的影响显著,试验处理中DKD表现最佳,且能在长时间维持较高的数值。其最终叶面积指数较CK1、CK2分别增加了12.80%、11.11%,说明外源物质可以有效提高棉花的叶面积指数。同时,研究结果显示,滴施外源物质处理的叶倾角较对照有不同程度的减小,分别较CK1、CK2降低27.88%~30.81%、32.99%~36.19%,冠层下部的效果更为明显,这与杨成勋等人的研究结果不一致。各处理对棉花冠层不同部位的光分布影响较小,最终透光率在10.00%~13.22%,没有显著差异。

各处理棉花最终的脱叶率在97.57%~98.37%,脱叶率没有显著差异,但叶片脱落速度有所提升;DKS处理的吐絮率最高,较CK1增加了4.56%;DKD处理的单株结铃数、产量最高;各试验处理的纤维品质较对照有所降低。

徐守振等的研究显示,与人工打顶相比,化学打顶棉花在最终脱叶率上无显著差异。试验处理较对照最终脱叶率没有显著差异,DKS处理表现最佳。试验处理的脱叶速率较对照有所提高,加快了棉花脱叶进程,这可能是试验处理塑造的合理冠层结构使不同冠层部位的叶片接收到较多的光合有效辐射,导致叶片温度增高,最终脱叶速率变快。

喷施脱叶催熟剂之前,DKD处理的吐絮率最高,但随时间推移,其优势逐渐减弱,DKS处理的吐絮率最高,较CK1增加了4.56%。这可能是由于DKS处理促进了催熟剂的吸收转化,也可能是由于该外源物质组合塑造的群体结构通风透光性良好,提高了群体间温度,促进了棉花的吐絮。由此可见,滴施不同外源物质组合能有效加快棉铃的成熟和叶片的脱落速率,从而加快生育进程。

棉花的产量和纤维品质是决定最终经济收益的重要组分,受水分和肥料等多方面影响,同时外源物质也是影响棉花生长的关键。本研究中,DKD处理通过较大的群体获得较高的产量,实收籽棉产量较CK1、CK2分别增加了4.73%、3.23%。这可能是由于较高的果枝数为其提供了基础,单株结铃数最多,较CK2增加5.51%。同时,随水滴施处理使棉花的纤维品质有一定程度的降低,DKD处理能显著增加棉花的纤维长度、棉纤维成熟度、马克隆值,降低伸长率,具体原因有待进一步研究。

4.整枝塑型剂应用效果

整枝塑型作为棉花栽培过程中的一个重要环节,与配套的打顶工作联系紧密,直接影响到后续的机械采收与产量。人工整枝工作冗杂繁重,劳动成本高,阻碍了棉花产业的快速发展。选用合适的塑型剂能够代替人工整枝,使棉花株型紧凑,发挥棉花的增产潜力。目前在售塑型剂的品类繁多,而相关的应用研究相对滞后。本节相关试验以甲哌鎓为对照(CK),选用氟节胺(T1)、25％甲哌鎓水剂(T2)、羟芸·烯效唑(T3)、矮壮·甲哌鎓(T4)、胺鲜·甲哌鎓(T5)与调环酸钙(T6)共 6 个塑型剂,研究分析不同塑型剂对株型及产量品质的调控效应,为机采棉化学塑型提供理论依据。

(1)不同塑型剂对棉花农艺性状的影响方面,各处理之间棉花株高变化趋势较为一致,表现为随施药天数后移,株高升高趋势逐渐变缓,塑型剂未达到完全控制棉花株高的作用。胺鲜·甲哌鎓能够有效抑制棉花株高增长,棉株在药后 20 d 基本停止伸长,果枝数量低于对照。氟节胺处理下较甲哌鎓棉株株型更紧凑,增强了棉株纵向生长优势,同时能够有效促进棉花果枝数的增加,但对果枝始节高度的控制能力较弱。25％甲哌鎓水剂与调环酸钙处理对果枝始节高度有较强的抑制作用。

在棉花生长发育不同阶段,利用植物生长调节剂可对其进行定向诱导,塑造合理的株型,调节其营养生长与生殖生长的关系,最终达到理想产量。矮壮素在塑造棉花株型、防止疯长方面具有显著成效,株高是直接体现不同药剂对棉花调控效应的重要的测定指标。本研究通过研究 6 种塑型剂对棉花株高的调控力度发现,氟节胺处理下随着施药后天数延长,棉花株高增长趋势变缓,与戴翠荣等的研究结果一致,即随着棉花塑型剂喷施后天数的延长,生长量呈现逐渐减小的趋势。在25％甲哌鎓水剂、羟芸·烯效唑、矮壮·甲哌鎓、调环酸钙处理下,株高动态表现与氟节胺一致,都呈现随着生育进程推进,株高增长趋势变缓,同时与对照甲哌鎓变化趋势一致。胺鲜·甲哌鎓处理下,7 月 10 日后棉花表现为株高增长最缓慢,7 月 10—22 日株高测量结束,株高增长量仅为 1.55 cm。这说明胺鲜·甲哌鎓较对照甲哌鎓来说,其对株高伸长的抑制能力较强,矮壮·甲哌鎓与对照甲哌鎓相比,株高控制能力弱于对照甲哌鎓,这与王丹等所研究的施用矮壮素对棉花的株高控制效力稍弱于甲哌锡表现一致,说明矮壮素与甲哌锡复配后,矮壮素对株高的影响力大于甲哌锡。株高、高宽比的显著性分析结果显示,株宽指标并未呈现显著性差异,但高宽比呈现显著性差异,这说明不同塑型剂对棉花株型构造的调控力度主要体现在控制棉花纵向生长能力上。氟节胺处理下株宽最大,达 39.73 cm,甲哌锡处理下株宽最小,为 37.66cm。各处理株宽表现为 T1>T6>T4>T3>T5>T2>CK。这说明氟节胺对比其余处理在调控株宽的能力上稍弱,氟节胺处理下高宽比与对照虽没有体现出显著性差异,但其高宽比为所有处理中最高,这表明氟节胺能够有效提高棉株株型的紧凑性。25%甲哌锡水剂与调环酸钙处理对果枝始节高度的抑制能力较强,高度分别为 18.00 cm、18.68 cm;氟节胺处理下的果枝始节高度达到了 24.68cm,说明氟节胺对果枝始节高度的控制能力较弱。不同塑型剂对棉花主茎节间平均长度的调控力度也表现出了显著差异,其中 T1、T2、T3、T4 处理与对照(CK)均呈现显著差异($P<0.05$),这说明氟节胺、25%甲哌锡水剂、矮壮·甲哌锡、胺鲜·甲哌锡与对照甲哌锡相比,对平均主茎节间长的调控效力存在较大差异,氟节胺与矮壮·甲哌锡控制主茎节间平均长度的能力与甲哌锡相比较弱,25%甲哌锡水剂与胺鲜·甲哌锡对平均主茎节间长的抑制作用要强于甲哌锡。

(2)不同塑型剂对棉花干物质积累与分配的影响方面,胺鲜·甲哌锡能够快速提高各部位的干物质积累量,茎秆干物质积累量有所增加,比对照增加 1.63 g/株。干物质分配比例上,25%甲哌锡水剂与调环酸钙能够促进棉株蕾铃部位的发育,药后第 20 天蕾铃干物质占比较对照分别高出 42.45%、37.89%。矮壮·甲哌锡能够抑制棉株茎秆部位的干物质占比,提升蕾铃部位的干物质占比,药后第 35 天茎秆干物质积累量仅为 42.81 g/株,蕾铃占比较对照高 21.87%。王克如等的研究认为,运用调控技术改变了各生育期棉株地上部分的干物质积累量,提高了干物质在营养器官中的分配占比。各处理较对照在茎秆、叶片、蕾铃干物质积累方面表现不一。不同塑型剂作用下,蕾铃干重占比之间也存在较大差距。

(3)不同塑型剂对棉花棉铃分布的影响方面,羟芸·烯效唑能够促进伏前桃的形成,比对照高出 0.17 个/株,但对伏桃和秋桃数量无影响,这表明羟芸·烯效唑能够较早促进蕾铃转化。调环酸钙对伏前桃的影响较小,但能明显提升伏桃数量,比对照多出 0.34 个/株,伏桃比例高出 5.56%,可以看出调环酸钙有一定的增产潜力。调环酸钙能够有效地促进下部果枝成铃,胺鲜·甲哌鎓与对照相比,中部铃数相近,下部成铃率较低。

棉铃是影响棉花产量和品质的关键因素。有研究表明,使用甲哌鎓能改变棉花的结铃部位,使棉铃集中在下部果枝。各试验组与对照均表现为:下部铃>中部铃>上部铃,且主要集中在棉花下部,各处理与对照上、中、下部铃无差异($P >$ 0.05)。T6 处理下,下部铃数量多于对照,T5 处理下,下部铃数量最低。中部铃各处理与对照铃数较为一致,这说明塑型剂对棉花中部铃数的调控力度与甲哌鎓较为接近。上部铃表现为 T5 处理下数量最低。在不同塑型剂作用下,伏前桃表现为T1、T2 处理略高,较对照每珠分别高出 0.09 个、0.08 个。T6 处理最低,较对照每珠少 0.05 个。各处理分配比例存在关系为 T3>T5>T1>CK>T2>T4>T6。伏桃表现为 T6 处理最高,较对照每珠多出 0.34 个,T3 与 T5 处理表现一致,较对照每珠减少 0.42 个。分配比例显示,T5、T6 处理伏桃占比较高,较对照分别高出6.60%、5.56%。秋桃表现为 T2>T1>CK>T4>T3>T6>T5,分配比例显示T1、T2 处理占比较高,较对照分别高出 2.03%、2.97%。

(4)不同塑型剂对棉花产量及产量构成因素的影响方面,羟芸·烯效唑、25%甲哌鎓水剂、调环酸钙与对照相比能够提升单株结铃数,较对照每珠分别增加了0.64 个、0.28 个、0.28 个,胺鲜·甲哌鎓对棉株单株结铃数影响较小,但能够增加单铃重。调环酸钙能够增加籽棉产量,较对照提高了 728.69 kg/hm^2。衣分表现为各塑型剂处理较对照无差异。另外,各塑型剂处理对棉花的马克隆值、成熟度、整齐度、比强度、纤维长度、伸长率均与对照无差异。

6.4 脱叶催熟技术

适时脱叶是实现棉花机械化采收的关键,化学打顶棉田的脱叶催熟技术与人工打顶棉田保持一致,北疆建议 9 月 5—15 日喷施完毕,南疆建议 9 月 10—20 日喷施完毕,推荐选择无人机进行喷施,既不碾压棉株,又能使喷施更均匀,脱叶催熟效果更好。

化学打顶不会影响棉花的脱叶率、吐絮率以及挂枝叶率。也有研究表明,化学打顶处理棉花在吐絮期喷施脱叶催熟剂 8 d 后,脱叶率和吐絮率都显著高于人工打顶棉花,平均高出 3.5%,挂枝叶(离层形成且脱落但被挂在茎秆、果枝上的叶片)率较人工打顶处理棉花低 2.2%;喷施脱叶催熟剂 16 d 后,脱叶率、吐絮率较人工打顶处理高 4.2%,挂枝叶率相比人工打顶处理棉花少 1.5%。化学打顶棉花在喷施脱叶催熟剂 8 d 后,脱叶率快速上升到 90% 以上,喷施脱叶催熟剂后 16 d,吐絮率均超过 90%;与化学打顶棉花相比,人工打顶棉花脱叶率和吐絮率达到 90% 所需时间多为 7~8 d。因此,化学打顶处理可提高叶片脱落率,降低挂枝叶率,使棉铃集中吐絮,提升棉花质量。

第 7 章

棉花化学打顶整枝典型事例与实践

7.1　第二师 29 团棉花化学打顶整枝综合配套技术集成与示范

7.1.1　试验目的

开展棉花化学打顶整枝综合配套技术集成与示范,探索合理水肥运筹下的棉花化学打顶整枝综合配套技术,最大限度地简化棉田打顶整枝工序,降低植棉成本,提高棉花脱叶效果,实现棉花生产全程机械化。

7.1.2　试验情况

1.棉田试验示范参试条田基本情况

(1)棉田基本情况

棉田基本情况见表 7.1。

表 7.1　棉田基本情况

地号	品种	面积/亩	覆盖方式	株行距配置/cm	基本苗/(株/亩)
19-西 7-10 南（示范）	新陆中 38 号	40	双膜全覆盖	(66＋10)×11	13 100
19-西 7-10 北（对照）	新陆中 38 号	42	双膜全覆盖	(66＋10)×11	13 200

（2）生育期棉田水肥使用情况

水肥运筹见表 7.2。

表 7.2　水肥运筹

项目	进水日期（月/日）	进水量/m³	肥料/kg			
			尿素用量	1 号肥用量	2 号肥用量	合计
1 水	6/9	40.94	5.5			5.5
2 水	6/18	45.49	6.7	1		7.7
3 水	6/25	45.49	4.9	3.9		8.8
4 水	7/1	45.49		8.3		8.3
5 水	7/7	45.49		8.3		8.3
6 水	7/14	40.49		8.3	5.4	13.7
7 水	7/17	22.74			9.76	9.76
8 水	7/23	22.74			10.24	10.24
9 水	7/31	27.29			10.73	10.73
10 水	8/6	22.74	9.14			9.14
11 水	8/13	27.29				
12 水	8/18	27.29				
13 水	8/24	31.84				
合计			26.24	29.8	36.13	92.17

（3）棉田化调情况

甲哌鎓化调次数、时间及亩用量见表 7.3。

表 7.3　甲哌鎓化调次数、时间及亩用量

项目	第一次	第二次	第三次	第四次	第五次
时间	5 月 5 日	5 月 18 日	5 月 29 日	6 月 20 日	7 月 12 日
用量/(g/亩)	0.5	0.4	0.6	0.8	10

2. 禾田福可打顶整枝剂使用情况

（1）使用剂量及方法

整枝剂使用剂量及用水量见表 7.4。

表 7.4　整枝剂使用剂量及用水量

禾田福可化学整枝剂	喷施方法	亩用量/g	亩兑水量/L
第一次施药（①号）	顶喷	100	40
第二次施药（②号）	顶喷	150 g 禾田福可＋20 g 甲哌鎓	40

（2）禾田福可喷施时间、施药时棉花叶龄

喷施时间、叶龄见表 7.5。

表 7.5　喷施时间、叶龄

地号	时间		喷施药剂时叶龄/叶	
	①号药剂	②号药剂	①号药剂	②号药剂
19-西 7-10 南（示范）	6 月 27 日	7 月 10 日	14.67	17.23
19-西 7-10 北（对照）	6 月 28 日人工打顶		13.3	13.3

3. 脱叶剂使用情况

脱吐隆使用时间及剂量见表 7.6。

表 7.6　脱吐隆使用时间及剂量

时间	脱吐隆/（g/亩）	助剂/（g/亩）	乙烯利/（g/亩）	亩兑水量/L
9 月 14 日	18	36	80	45

7.1.3　结果与分析

1. 喷施禾田福可整枝剂对棉花的影响

（1）对棉花生育期的影响

棉花生育期调查见表 7.7。

表 7.7　棉花生育期调查

地号	播种期	出苗期	现蕾期	开花期	吐絮期	生育期天数/d
19-西 7-10 南（示范）	4 月 5 日	4 月 18 日	6 月 1 日	7 月 2 日	9 月 12 日	147
19-西 7-10 北（对照）	4 月 5 日	4 月 18 日	6 月 1 日	7 月 2 日	9 月 9 日	144

注：示范比对照吐絮晚 3 d，喷施禾田福可化学打顶整枝剂影响棉花吐絮期。

（2）对棉花性状的影响

从表7.8可看出，喷施化学打顶整枝剂10 d后调查，由于棉花长势偏旺，棉花打顶效果体现较慢，棉株呈现继续生长趋势，株高、叶片、果枝数比药前基数变化明显。

表7.8　7月10日喷施②号药剂以后棉花的性状形态指标

地号	药前基数					药后10 d					
	株高/cm	叶龄/叶	果枝数/台	大铃/台	小铃/台	株高/cm	叶龄/叶	果枝数/台	大铃/台	小铃/台	蕾数/个
19-西7-10南（示范）	116.03	17.23	10.07	0.2	2.87	122.7	18.43	11.9	1.87	3.9	8.47
19-西7-10北（对照）	77.37	13.27	6.6	0.23	3.43	77.37	13.27	6.6	1.9	4.07	6.6

2.喷施脱叶剂后脱叶情况

从表7.9可以看出，喷施脱叶剂10 d调查，示范与对照脱叶率差异不大。喷施脱叶剂10 d后，示范脱叶进程明显加快，药后10～30 d示范平均脱叶率明显高于对照，30 d后示范脱叶率高于对照3.64%。

表7.9　各处理棉花脱叶情况调查

处理	调查点	药前叶片数/片	药后10 d		药后15 d		药后20 d		药后25 d		药后30 d	
			叶片数/片	脱叶率/%	叶片数/片	脱叶率/%	叶片数/片	脱叶率/%	叶片数/片	脱叶率/%	叶片数/片	脱叶率/%
示范	点1	290	47	83.79	39	86.55	35	87.93	30	89.66	27	90.69
	点2	322	68	78.88	52	83.85	42	86.96	29	90.99	24	92.55
	点3	258	74	71.32	41	84.11	33	87.21	24	90.70	17	93.41
	平均	290	63	78.00	44	84.84	36.67	87.37	27.7	90.45	22.7	92.22
对照	点1	233	66	71.67	48	79.40	38	83.69	35	84.98	33	85.84
	点2	252	55	78.17	45	82.14	41	83.73	34	86.51	23	90.87
	点3	319	58	81.82	53	83.39	44	86.21	42	86.83	35	89.03
	平均	268	60	77.22	49	81.64	41	84.54	37	86.11	30	88.58

注：表中调查点每点10株，药前叶片数、药后叶片数均是10株的总数量。

3. 喷施脱叶剂后吐絮情况

从表 7.10 可以看出,药后 10~25 d,示范吐絮率低于对照。示范处理由于喷施整枝剂,顶部长出了部分青铃成为秋桃,在喷施脱叶剂后期逐步开始吐絮,故药后 30 d 调查,示范吐絮率高于对照。

表 7.10　各处理棉花吐絮情况调查

处理	调查点	药前总铃数/个	药后 10 d		药后 15 d		药后 20 d		药后 25 d		药后 30 d	
			吐絮数/个	吐絮率/%	吐絮数/个	吐絮率/%	吐絮数/个	吐絮率/%	吐絮数/个	吐絮率/%	吐絮数/个	吐絮率/%
示范	点 1	88	45	51.14	59	67.05	62	70.45	69	78.41	73	82.95
	点 2	80	27	33.75	42	52.50	57	71.25	61	76.25	66	82.50
	点 3	63	24	38.10	43	68.25	50	79.37	55	87.30	60	95.24
	平均	77	32	40.99	48	62.60	56	73.69	62	80.65	66	86.90
对照	点 1	65	44	67.69	50	76.92	54	83.08	58	89.23	58	89.23
	点 2	60	38	63.33	46	76.67	51	85.00	53	88.33	54	90.00
	点 3	69	34	49.28	44	63.77	48	69.57	52	75.36	54	78.26
	平均	65	39	60.10	47	72.45	51	79.21	54	84.31	55	85.83

注:表中调查点每点 10 株,药前总铃数、药后吐絮数均是 10 株的总数量。

4. 棉花品质及产量

(1)棉花产量结构

棉花产量测定见表 7.11。

表 7.11　棉花产量测定

处理	调查点	收获株数/(株/亩)	单株成铃数/个	单铃重/g	测产产量/(kg/亩)
示范	点 1	9 800	6.95	5.72	389.59
	点 2	10 900	6.09	5.96	395.63
	点 3	10 800	5.76	5.40	335.92
	平均	10 500	6.27	5.69	373.71
对照	点 1	11 500	6.33	5.72	416.39
	点 2	10 400	5.16	5.70	305.88
	点 3	9 700	6.38	5.93	366.98
	平均	10 533	5.96	5.78	362.87

喷施化学整枝剂后,单铃重低于对照,单株成铃高于对照,示范测产产量高于对照 10.84 kg/亩。

(2)棉花品质测定

各处理棉花品质室内测定见表 7.12。

表 7.12 各处理棉花品质室内测定

处理	调查点	衣分/%	纤维长度/mm	籽指/g	衣指/g
示范	点 1	38.70	29.60	11.09	7.37
	点 2	37.07	26.50	11.71	6.94
	点 3	37.56	26.80	9.86	6.81
	平均	37.78	27.63	10.89	7.04
对照	点 1	38.20	28.60	10.51	7.51
	点 2	37.82	28.70	10.93	7.55
	点 3	37.18	29.00	10.53	7.46
	平均	37.73	28.77	10.66	7.51

7.1.4 结论

通过一年的田间试验及调查、分析发现:

(1)喷施化学整枝剂影响棉花吐絮期,示范比对照晚吐絮 3 d;

(2)喷施化学整枝剂后棉株呈塔形,利于通风透光,有助于棉花接触脱叶剂药液,可提高棉花脱叶效果和增加吐絮率,30 d 后示范脱叶率比对照高 3.64%、吐絮率比对照高 1.07%;

(3)喷施脱叶剂影响棉花单铃重,示范单铃重低于对照 0.09 g。

7.2 第二师 34 团棉花化学整枝剂综合配套技术试验示范总结

7.2.1 试验目的

棉花化学整枝剂可有效抑制棉花顶尖生长,塑造理想株型,改善棉花通风透光。化学整枝综合配套技术的应用,对实现真正的棉花全程机械化有重要作用。

2020 年 34 团职工使用河北国欣自封鼎化学打顶剂试验 616 亩棉田,取得了很好的效果。现将示范情况总结如下。

7.2.2 试验地情况

1. 棉田试验示范参试条田基本情况

该试验地选在 4 连六号地和二号地,前茬作物均是棉花,均属于沙壤地,肥力为中等水平。六号地种植品种是新陆中 74 号,面积 175 亩,基本苗 14 855 株/亩,二号地种植品种是新陆中 55 号,面积 120 亩,基本苗 11 580 株/亩,株行距配置均是(66+10) cm×11 cm,理论密度 15 940 株/亩。

2. 喷施时间及使用剂量

使用时间、剂量及用水量见表 7.13。

表 7.13 使用时间、剂量及用水量

条田	喷药时间	人工打顶时间	喷施方法	亩用量/g	亩兑水量/L
六号地	7 月 9 日	7 月 10 日	无人机喷施	自封鼎 15 g+甲哌鎓 4 g	1.2
二号地	7 月 10 日	7 月 10 日	无人机喷施	自封鼎 15 g+甲哌鎓 4 g	1.2

7.2.2 结果与分析

1. 自封鼎对棉花生长势的影响

棉花生长势调查见表 7.14。

表 7.14 棉花生长势调查

条田	处理	喷药前			喷药后 10 d			喷药后 20 d		
		株高/cm	叶龄/叶	果枝数/台	株高/cm	叶龄/叶	果枝数/台	株高/cm	叶龄/叶	果枝数/台
六号地	处理	86.9	15.8	10.4	91.8	18.0	12.3	93.7	18.5	12.9
	对照	88.5	15.0	9.3	89.3	15.0	9.3	89.3	15.0	9.3
二号地	处理	68.3	15.9	10.8	72.5	17.7	12.5	72.8	17.7	12.5
	对照	70.7	15.9	10.5	70.9	15.9	10.5	70.9	15.9	10.5
小计	处理	77.6	15.9	10.6	82.2	17.9	12.4	83.3	18.1	12.9
	对照	79.6	15.5	9.9	80.1	15.5	9.9	80.1	15.5	9.9
处理比对照增减		−2.0	0.4	0.7	2.1	2.4	2.5	3.2	2.0	3.0

从两块试验地数据汇总来看,喷药前,处理比对照株高矮 2.0 cm ,叶龄多 0.4 叶,果枝数多 0.7 台;喷药后 10 d,株高高 2.1 cm,叶龄多 2.4 叶,果枝数多 2.5 台;喷药后 20 d,株高高 3.2 cm,叶龄多 2.0 叶,果枝数多 3.0 台。总体上,喷药后处理比对照株高增加 5.2cm 、叶龄多 1.6 叶、果枝数增加 2.3 台,说明喷施自封鼎化学打顶剂后,与人工打顶相比,棉花的生长势比较强,仍然在进行营养生长,且生长幅度比人工打顶要显著。

2. 自封鼎对棉铃的影响

由表 7.15 分析,喷药前,处理比对照大铃多 0.4 个,喷药后 10 d 多 0.5 个,20 d 多 0.3 个,45 d 多 0.7 个,总体上,喷药前比喷药后大铃多 0.3 个;喷药前,处理与对照小铃相等,喷药后 10 d,处理比对照小铃少 0.5 个,20 d 少 1.1 个,45 d 少 0.4 个,总体上,喷药后比喷药前小铃少 0.4 个。这说明棉花喷施自封鼎药剂后,有利于营养双向调配,一方面进行适当的营养生长,另一方面向生殖生长转换,表现为多结大铃、少结小铃,有利于提高棉花的品质与成熟度,实现早收获。

表 7.15 棉花大小铃调查   个

条田	处理	喷药前		喷药后 10 d		喷药后 20 d		喷药后 45 d	
		大铃	小铃	大铃	小铃	大铃	小铃	大铃	小铃
六号地	处理	0.5	1.7	2.1	4.8	5.9	4.5	8.4	0
	对照	0.4	1.2	1.0	4.1	4.1	4.9	6.8	0.7
二号地	处理	2.5	1.9	4.7	5.3	7.7	3.2	7.9	0
	对照	1.8	2.3	4.8	7.0	8.8	5.1	8.1	0
小计	处理	1.5	1.8	3.4	5.1	6.8	3.9	8.2	0
	对照	1.1	1.8	2.9	5.6	6.5	5.0	7.5	0.4
处理比对照增减		0.4	0	0.5	−0.5	0.3	−1.1	0.7	−0.4

3. 自封鼎对果枝塑型的影响

棉花果枝塑型调查见表 7.16。

表 7.16 棉花果枝塑型调查

条田	处理	果枝长度/cm			果节数/节		
		上部	中部	下部	上部	中部	下部
六号地	处理	6.8	22.0	19.0	6.9	8.5	7.8
	对照	17.5	25.0	17.7	8.7	7.3	5.9
处理比对照增减		−10.7	−3.0	1.3	−1.8	1.2	1.9

由表 7.16 分析,处理比对照上部果枝短 10.7 cm,果节数少 1.8 节,说明棉花喷施自封鼎化学打顶剂后,有助于上部果枝塑型,表现为果枝短、果节少,有利于实现通风透光的效果,有助于脱叶剂喷施到棉株中下部果枝,从而提高机采脱叶率及棉花产量品质。

4.自封鼎对棉铃空间分布的影响

由表 7.17 棉铃的空间分布来看,处理比对照上、中部棉铃分别少 0.6 个(10.6%)、0.2 个(7.7%),下部铃多 1.7 个(18.3%)。这说明棉花喷施自封鼎打顶剂后,中下部棉铃数量较大,上部棉铃数量较少,一方面有利于提高棉花品质,另一方面有利于提高棉花成熟整齐度,降低收获成本。

表 7.17　棉铃的空间分布

条田	处理	棉铃/个			比例/%		
		上部	中部	下部	上部	中部	下部
六号地	处理	1.8	3.55	3.05	21.4	42.3	36.3
	对照	2.4	3.75	1.35	32.0	50.0	18.0
处理比对照增减		−0.6	−0.2	1.7	−10.6	−7.7	18.3

5.自封鼎对棉花产量与品质的影响

产量结构调查见表 7.18。

表 7.18　产量结构调查

条田	处理	亩株数/株	单株成铃数/个	单铃重/g	衣分/%	纤维长度/mm	马克隆值	籽棉测产/(kg/亩)
六号地	处理	13 835	7.5	5.1	39.9	28.3	4.5	529.2
	人工打顶	13 848	7.1	4.8	39.7	28.8	4.4	471.9
二号地	处理	11 589	7.9	4.9	40.4	28.7	4.2	448.6
	人工打顶	11 572	7.7	5.1	41.1	28.3	4.7	454.4
小计	处理	12 712	7.7	5.0	40.2	28.5	4.4	488.9
	人工打顶	12 710	7.4	5.0	40.4	28.6	4.6	463.2

由表 7.18 分析,棉花品质上两处理相差不大,单铃重相同,衣分相差 0.2%,纤维长度相差 0.1 mm,马克隆值相差 0.2,差异不显著,这说明自封鼎对棉花品质几

乎无影响;从籽棉测产来看,处理比对照籽棉高 25.7 kg/亩,说明棉花喷施自封鼎打顶剂后,有效控制了顶部果枝长度,使多余的营养供给生殖生长,多结铃、结大铃,以提高产量。

6. 经济效益分析

由表 7.19 的分析可知,喷施化学打顶剂自封鼎的棉花,实际收获籽棉产量比人工打顶多 10.5 kg/亩,亩收入多 50.4 元,总成本多投入 5.0 元,最终利润多 45.4 元/亩。这说明棉花喷施打顶剂虽然比人工打顶多投入 5.0 元/亩,但能够有效控制营养动向,从而增加产量,提高效益。

表 7.19　经济效益分析

条田	处理	人工实收籽棉产量/(kg/亩)	未享受补贴单价/(元/kg)	亩收入/元	共性成本/(元/亩)	打顶费/(元/亩)	总成本/(元/亩)	利润/(元/亩)
六号地	处理	482.0	4.8	2 313.6	1 589.0	41.0	1 630.0	683.6
	人工打顶	472.0	4.8	2 265.6	1 589.0	36.0	1 625.0	640.6
二号地	处理	470.0	4.8	2 256.0	1 625.0	41.0	1 666.0	590.0
	人工打顶	459.0	4.8	2 203.2	1 625.0	36.0	1 661.0	542.2
小计	处理	476.0	4.8	2 284.8	1 607.0	41.0	1 648.0	636.8
	人工打顶	465.5	4.8	2 234.4	1 607.0	36.0	1 643.0	591.4
处理比对照增减		10.5	0	50.4	0	5.0	5.0	45.4

7.2.3　小结

化学打顶剂自封鼎在棉花上的试验,达到了很好的效果,总结下来有以下几点:

(1)棉花喷施化学打顶剂自封鼎后,生长势要高于人工打顶;

(2)能够有效塑型,尤其是有效控制棉花上部果枝的生长,表现为果枝短、果节少,有利于棉花早熟,缩短棉花脱叶吐絮时间;

(3)能够增加棉株中上部棉铃,从而实现增产、优质、增效的目的。

7.3 第四师棉花化学整枝综合配套技术示范总结

7.3.1 示范目的及意义

通过开展棉花化学打顶整枝剂试验示范,探索出合理水肥运筹下的棉花化学打顶整枝综合配套技术,制定出棉花化学打顶整枝综合配套技术规程,以最大限度地简化棉田打顶整枝工序,降低植棉成本,实现棉花生产全程机械化。

7.3.2 供试药剂

浙江禾田化工禾田福可棉花化学打顶整枝剂,含量25%氟节胺悬浮剂。

7.3.3 示范地概况

示范地设在67团第五作业区(原八连)2井7条田(2#7),示范面积为30亩,试验品种为农8号。

示范地肥力中等,属冬翻地,前茬玉米制种,采用滴灌一膜双管,棉花长势较好,亩保苗株数13 500～13 800株。

6月21日第一次施药,禾田福可80 g/亩,甲哌鎓2 g/亩,兑水量35 L/亩;7月3日第二次施药采用顶喷,禾田福可120 g/亩,甲哌鎓15 g/亩,兑水量40 L/亩,全生育期滴水11次,化控5次。

7.3.4 数据调查记载

数据调查记载详见表 7.20 至表 7.26。

表 7.20 棉花生育期气候

月	气温/℃			相对湿度			温度/℃		活动积温	
	上旬	中旬	下旬	上旬	中旬	下旬	最高温	最低温	≥10℃积温	<10℃积温
6	20.2	24.1	23.0	54.0	54.0	65.0	30.7	14.9	672.4	
7	26.9	23.9	27.3	48.0	55.0	38.0	34.8	16.9	807.4	
8	24.5	20.2	20.6	49.0	57.0	52.0	30.5	13.0	674.2	
9	22.4	18.7	13.6	43.0	43.0	51.0	27.2	9.3	510.5	36.0

表 7.21 棉田基本情况调查

地号	面积/亩	品种	播种方式	亩株数/株	第一次喷施叶龄（时间）	第二次喷施叶龄（时间）
2#7	30	农8号	机播	13 500	10叶(6月21日)	14叶(7月3日)
2#7	40	农8号	机播	14 000	9叶	13叶

表 7.22 甲哌鎓化控次数、时间及用量

次数	第一次	第二次	第三次	第四次	第五次
时间	5月11日	6月3日	6月21日	7月3日	7月11日
用量/g	2	2	2	15	15

表 7.23 形态指标调查

处理	指标	施药前	第二次施药后			吐絮期
			10 d	20 d	40 d	
处理	叶龄/叶	14.3	15.4	13.6	13.9	13.9
	株高/cm	75.6	83.6	81.6	83.1	85.2
	果枝数/台	9.4	9.5	9.0	9.0	9.0
	结铃数/个	2.9	3.0	3.7	4.9	7.3

续表7.23

| 处理 | 指标 | 施药前 | 第二次施药后 | | | 吐絮期 |
			10 d	20 d	40 d	
对照	叶龄/叶	13.7	13.8	13.6	13.6	13.6
	株高/cm	74.6	78.9	79.0	81.0	81.0
	果枝数/台	8.7	8.7	8.7	8.7	8.7
	结铃数/个	2.8	2.9	3.3	6.9	6.9

表 7.24　水肥运筹

项目	1 水	2 水	3 水	4 水	5 水	6 水	7 水	8 水	9 水	10 水	11 水
进水日期 （月/日）	6/8	6/15	6/23	7/1	7/10	7/19	7/27	8/2	8/8	8/15	8/22
水量/m³	30	30	30	40	40	40	40	40	40	40	20
肥料	尿素 一铵	尿素 一铵	尿素 二铵	尿素 一铵 磷钾	尿素 一铵 磷钾	尿素 二铵 磷钾	尿素 一铵 磷钾	尿素 一铵 磷钾	尿素 二铵 磷钾	尿素 二铵 磷钾	尿素 二铵 磷钾
用量/(kg/亩)	2.8 0.8	2.8 0.8	3.5 3.0	4.0 1.5 1.5	5.0 2.0 1.5	5.5 4.5 1.9	6.0 2.5 2.0	5.0 2.5 2.0	5.0 4.5 2.0	4.0 4.5 2.0	4.0 4.5 1.5

注：磷钾为磷酸二氢钾。

表 7.25　棉花产量测定

处理	株数 /(株/亩)	单株成铃数 /个	单铃重 /g	衣分 /%	纤维长度 /mm	亩产量 /kg
对照	13 800	6.7	4.9	40.1	31.08	362
处理	13 500	7.1	5.1	39.4	31.25	391

表 7.26　实际产量效益分析

处理	籽棉实际产量 /(kg/亩)	亩收入 /元	人工打顶费用 /(元/亩)	整枝剂费用 /(元/亩)	整枝剂比对照 增收/(元/亩)
对照	362	2 317	40		
处理	391	2 502		60	165

注：亩收入按机采棉 6.4 元/kg 计算。

7.3.5 示范结果分析

通过多年示范总结,禾田福可化学整枝剂在 67 团有明显的增产作用。2017 年示范区单株成铃数 7.1 个,对照区 6.7 个(2013 年单株成铃数,处理 7.1 个,对照 6.7 个;2014 年处理 6.4 个,对照 6.3 个;2015 年处理 7.2 个,对照 5.6 个),示范区比对照区多 0.4 个铃;示范区单铃重 5.1 g,对照区 4.9 g(2013 年处理 5.1 g,对照 5.5 g;2014 年处理 5.8 g,对照 5.9 g;2015 年处理 5.1 g,对照 4.8 g),示范区比对照区多 0.2 g。衣分和纤维长度三年试验表明,示范区的衣分和纤维长度低于对照。2017 年实际增产 29 kg,每亩增收 165 元。

1. 棉花化学整枝综合配套技术示范的优点

(1)在 2013 年至 2015 年试验示范的技术基础上,2017 年四师在开展棉花化学整枝剂综合配套技术示范工作时,为保证化学打顶剂氟节胺在棉花上的使用效果,年初特制订了棉花化学整枝剂综合配套技术示范试验方案;

(2)株型紧凑,坐桃早、大、稳;

(3)使用化学整枝剂的条田比人工打顶的条田平均每亩增收 165 元;

(4)真正达到省时、省工、省力、增产的目的。

2. 棉花化学整枝综合配套技术示范的缺点

如果水肥运筹及化控技术环节上管理不到位,容易造成棉田长势偏旺。

3. 棉花化学整枝综合配套技术示范的努力方向

(1)来年施用化学整枝剂时,严格按照试验要求选择地块,即选择地势平整、田间长势均匀一致、保苗株数在 12 000 株/亩以上(中等以上)棉田;

(2)从技术指标确定适宜的喷药时间,即两次喷药时都要从田间保苗株数、棉株高度、果枝数这三个环节上严格控制,以确定最佳的喷药时间,做到宜早不宜晚;

(3)根据棉田长势确定适宜的用药剂量,即根据田间长势情况,并结合甲哌鎓(按不同品种正常化调使用量)化控技术,酌情确定氟节胺的用量;

(4)严格遵守配药方法、喷施要求,即先将药剂配成母液,再进行稀释;采用顶喷,喷杆高度离棉株顶端 30 cm 左右,喷头以扇形喷头实行全覆盖喷雾,确保棉株

顶部生长点充分接触药液,机车作业速度控制在时速 3 km 左右;

(5)施药前后进行合理的水肥运筹,即为保证使用效果,两次施药前后 5～7 d 要控制进水肥,滴水要适量,不宜大水大肥,做到不旱不滴,注意花铃后期氮肥(尿素)的施用。

7.4　第五师 81 团棉花化学打顶整枝剂氟节胺试验总结报告

7.4.1　试验目的

根据兵团农业技术推广总站、五师推广站的安排,对沧州志诚棉花化学打顶整枝剂进行试验,验证其棉花打顶整枝使用效果及对棉花的安全性,为更大面积的试验推广应用提供技术支持。

7.4.2　试验材料与方法

1.试验地点

试验地选在 81 团 6 连 8 号井 4 号地(8♯4)。

2.试验作物品种

棉花品种新陆中 46 号。

3.试验药剂

沧州志诚棉花化学打顶整枝剂——抑顶,含量 40％氟节胺悬浮剂。

4.试验设计

试验设处理 1 和对照两个处理。处理 1 为施用沧州志诚棉花化学打顶整枝剂,试验面积 20 亩;对照为人工打顶,面积 20 亩。

5.试验喷药用量和时间

喷药分为两次进行:第一次在 6 月 25 日,棉花株高 55～60 cm,果枝数在 5～6 台时开始喷药;第二次在 7 月 6 日,棉花株高 70～75 cm,果枝数在 8～9 台时开始喷药。两次喷药的高度必须离棉株顶端 30 cm。在施药前和施药后 3～5 d 禁止滴水。甲哌鎓按照正常用量施用。化学整枝剂用药情况调查见表 7.27。

表 7.27　化学整枝剂用药情况调查

处理	第一次施药		第二次施药		水量
	药量/(g/亩)	时间	药量/(g/亩)	时间	/(L/亩)
处理 1	60	6 月 25 日	95 g 抑顶＋20 g 甲哌鎓	7 月 6 日	35～40
对照	0	7 月 5 日	0	0	0

6. 调查方法和内容

调查方法:在第一次喷药后,每天对棉花的日生长量进行测量,第二次喷药后对株高、叶片数、日生长量进行定点定时调查。

7. 试验地基本情况调查

棉田基本情况调查见表 7.28。

表 7.28　棉田基本情况调查

地号	面积/亩	播种方式	亩株数/株	第一次喷药叶龄(时间)	第二次喷药叶龄(时间)
8#4	100	2 膜 12 行	13 900	10.8(6 月 25 日)	14.1(7 月 6 日)

8. 甲哌鎓化控次数及用量情况调查

处理 1 在第四次时进行 20 g 甲哌鎓打顶,对照在 7 水前又进行了 10 g 甲哌鎓打顶。各处理化控次数及甲哌鎓用量情况调查见表 7.29。

表 7.29　各处理化控次数及甲哌鎓用量情况调查　　　　　　　　　　g

次数	第一次	第二次	第三次	第四次	第五次(在 7 水前)
处理 1	0.5	0.8	0.5	20	
对照	0.5	0.8	0.5	10	10

9. 水肥运筹调查

各处理在滴水和施肥上用量一致。水肥运筹调查见表 7.30。

表 7.30　水肥运筹调查

项目	1水	2水	3水	4水	5水	6水	7水	8水	9水	10水
进水日期（月/日）	5/28	6/7	6/15	6/23	7/2	7/11	7/20	7/30	8/10	8/22
水量/m³	20	20	25	28	30	35	35	30	30	25
肥料	尿素	尿素磷钾	尿素磷钾	尿素磷钾	尿素磷钾	尿素磷钾	尿素磷钾	尿素磷钾	尿素磷钾	尿素
用量/(kg/亩)	2	4+2	4+3	4+3	4+4	5+4	5+4	5+4	4+3	2

7.4.3　结果与分析

1. 沧州志诚棉花化学打顶整枝剂处理对植株性状的影响

从表 7.31 可以看出,化学打顶整枝剂处理在施药后 10 d、20 d 株高较第二次施药前基本没有增加,说明在第二次施药后药剂对控制株高生长效果明显;铃数较第二次施药前增加 3.8 个,说明施药后棉蕾向棉铃转化速度加快,生殖生长转化较快。吐絮期化学打顶整枝剂处理株高较对照增长 5 cm,果枝数较对照增长 1.6 台,单株铃数较对照增加 0.6 个,化控效果较好。

表 7.31　形态指标调查

处理	调查点	第二次施药前（7月7日）株高/cm	果枝数/台	铃数/个	第二次施药10 d后（7月18日）株高/cm	果枝数/台	铃数/个	第二次施药20 d后（7月28日）株高/cm	果枝数/台	铃数/个	吐絮期株高/cm	果枝数/台	铃数/个
处理1	调查点1	79	8.9	0.5	80	9.00	2.5	80.0	9.00	4.2	78	9.00	5.9
	调查点2	77	9.2	0.6	77	9.20	2.8	77.0	9.20	4.6	76	9.20	6.4
	调查点3	75	9.0	0.8	75	9.00	2.4	76.0	9.00	4.3	73	9.00	5.8
	平均	77	9.0	0.6	77	9.07	2.6	77.3	9.07	4.4	76	9.07	6.0
对照	调查点1	76	7.6								71	7.60	5.5
	调查点2	78	7.5								73	7.50	5.4
	调查点3	74	7.2								70	7.20	5.4
	平均	76	7.4								71	7.40	5.4

2. 沧州志诚棉花化学打顶整枝剂处理对产量的影响

从表 7.32 中可以看出,棉花化学打顶整枝剂处理亩产量较对照增加 4.5 kg,增产 2.65%。

表 7.32 不同处理棉花产量测定

处理	调查点	株数/(株/亩)	单株成铃数/个	单铃重/g	衣分/%	亩产量/kg
处理 1	调查点 1	15 200	5.60	5.2	42	185.9
	调查点 2	14 500	5.30	5.2	42	167.8
	调查点 3	14 800	5.20	5.2	42	168.1
	平均	14 600	5.53	5.2	42	174.0
对照	调查点 1	14 800	5.60	5.2	42	181.0
	调查点 2	14 100	5.20	5.2	42	160.0
	调查点 3	14 200	5.40	5.2	42	167.5
	平均	13 700	5.23	5.2	42	169.5

7.4.4 小结

(1)吐絮期化学打顶整枝剂处理株高较对照增长 6.0 cm,果枝数较对照增长 1.6 台,单株铃数较对照增加 0.6 个,棉花化学打顶整枝剂处理能够有效抑制棉花株高;

(2)棉花化学打顶整枝剂处理亩产量较对照增加 4.5 kg,增产 2.65%,棉花化学打顶整枝剂对棉花具有一定的增产效果;

(3)建议在下一年的棉花生产中可进行更大面积的示范推广应用,并进一步完善其栽培技术措施。

7.5 第七师 125 团棉花化学打顶整枝剂氟节胺试验总结报告

7.5.1 试验目的

根据兵团农业技术推广总站、第七师推广站的安排,对沧州志诚棉花化学打顶整枝剂进行试验,验证其棉花打顶整枝使用效果及对棉花的安全性,为更大面积的试验推广应用提供技术支持。

7.5.2 试验材料与方法

1. 试验地点

试验地选在 125 团 1 连 9♯。

2. 试验作物品种

棉花品种鲁棉研 24 号。

3. 试验药剂

沧州志诚棉花化学打顶整枝剂——抑顶,含量 40％氟节胺悬浮剂。

4. 试验设计

试验设处理 1 和对照两个处理。处理 1 为施用沧州志诚棉花化学打顶整枝剂,试验面积 2 亩;对照为人工打顶,面积 2 亩。

5. 试验喷药用量和时间

喷药分两次进行:第一次在 6 月 24 日,棉花株高 55~60 cm,果枝数在 5~6 台时开始喷药;第二次在 7 月 8 日,棉花株高 70~75 cm,果枝数在 8~9 台时开始喷药。两次喷药的高度必须离棉株顶端 30 cm。在施药前和施药后 3~5 d 禁止滴水。甲哌鎓按照正常用量施用。化学整枝剂用药情况调查见表 7.33。

表 7.33　化学整枝剂用药情况调查

处理	第一次施药		第二次施药		水量
	药量/(g/亩)	时间	药量/(g/亩)	时间	/(L/亩)
处理 1	60	6 月 24 日	95 g 抑顶＋20 g 甲哌鎓	7 月 8 日	35～40
对照	0	7 月 5 日	0	0	0

6. 调查方法和内容

调查方法：在第一次喷药后，每天对棉花的日生长量进行测量，第二次喷药后对株高、叶片数、日生长量进行定点定时调查。

7. 试验地基本情况调查

棉田基本情况调查见表 7.34。

表 7.34　棉田基本情况调查

地号	面积/亩	品种	播种方式	亩株数/株	第一次喷施叶龄（时间）	第二次喷施叶龄（时间）
1 连 9♯	10	鲁研棉 24 号	1 膜 3 行	10 800	11.7(6 月 24 日)	16(7 月 8 日)

8. 甲哌鎓化控次数及用量情况调查

在第四次时进行 20 g 甲哌鎓打顶，对照在 7 水前又进行了 10 g 甲哌鎓打顶。各处理化控次数及甲哌鎓用量情况调查见表 7.35。

表 7.35　各处理化控次数及甲哌鎓用量情况调查

项目	第一次	第二次	第三次	第四次
时间	6 月 18 日	6 月 30 日	7 月 7 日	7 月 14 日
用量/(g/亩)	1.2	3	8	20

9. 水肥运筹调查

各处理在滴水和施肥上用量一致。水肥运筹调查见表 7.36。

表 7.36　水肥运筹调查

项目	1 水	2 水	3 水	4 水	5 水	6 水	7 水	8 水	9 水	10 水	11 水	12 水
进水日期 (月/日)	6/18	6/22	6/28	7/5	7/11	7/17	7/25	7/31	8/5	8/11	8/18	8/24
水量/(m³/亩)	30	30	35	40	45	45	45	40	40	35	30	30
肥料	N	N	N+PK	N+PK	N+PK	N+PK	N+PK	N+PK	N+PK	N+PK	N	N
用量/(kg/亩)	3	3	3+1	2+2	4+2	3+3	3+4	3+4	3+3	2+1	2	0

注:N 代表尿素(N 含量 46.4%);PK 代表滴灌磷酸二铵(P_2O_5 含量 46%、N 含量 18%)和滴灌钾肥(K_2O 含量 57%)以 1:1 配比。

7.5.3　结果与分析

1. 沧州志诚棉花化学打顶整枝剂处理对植株性状的影响

从表 7.37 可以看出,化学打顶整枝剂处理在第二次施药 20 d 后株高较第二次施药前增加 2.5 cm,说明在第二次施药后 20 d 内药剂对控制株高生长效果明显;化学打顶整枝剂处理在第二次施药 20 d 后铃数较第二次施药前增加 4.95 个,说明施药后棉蕾向棉铃转化速度加快,生殖生长转化较快。吐絮期化学打顶整枝剂处理株高较对照增长 6.55 cm,果枝数较对照增长 1.0 台,单株铃数较对照减少0.69 个,化控效果较好。

表 7.37　形态指标调查

处理	调查点	第二次施药前 (7 月 7 日)			第二次施药 10 d 后 (7 月 18 日)			第二次施药 20 d 后 (7 月 28 日)			吐絮期		
		株高 /cm	果枝数 /台	铃数 /个	株高 /cm	果枝数 /台	铃数 /个	株高 /cm	果枝数 /台	铃数 /个	株高 /cm	果枝数 /台	铃数 /个
处理1	调查点 1	87.00	9.10	1.50	92.00	9.40	3.40	92.00	9.40	6.40	91.80	9.40	5.75
	调查点 2	92.30	9.40	1.30	92.30	9.70	3.50	92.30	9.70	6.30	92.00	9.70	5.93
	平均	89.70	9.25	1.40	92.20	9.55	3.45	92.20	9.55	6.35	91.90	9.55	5.84
对照	调查点 1	91.60	9.10	1.20	87.60	8.50	3.20	87.60	8.50	6.40	86.50	8.50	6.21
	调查点 2	91.20	9.00	1.30	85.20	8.60	3.30	85.20	8.60	6.50	84.20	8.60	6.85
	平均	91.40	9.05	1.25	86.40	8.55	3.25	86.40	8.55	6.45	85.35	8.55	6.53

2. 沧州志诚棉花化学打顶整枝剂处理对产量的影响

从表 7.38 中可以看出，棉花化学打顶整枝剂处理单株成铃数较对照减少 0.69 个，减少 10.56%，单铃重减少 0.08 g，减少 1.4%，籽棉亩产量较对照减少 44.68 kg，减产 11.01%。单株成铃数的减少是籽棉单产减少的主要原因，可能与杂交棉品种的适应性和后期高温棉铃脱落有很大关系。

表 7.38　不同处理棉花产量测定

处理	调查点	株数/（株/亩）	单株成铃数/个	单铃重/g	衣分/%	籽棉亩产量/kg
处理 1	调查点 1	11 200	5.75	5.65	43.2	363.86
	调查点 2	10 800	5.93	5.59	41.7	358.01
	平均	11 000	5.84	5.62	42.5	361.03
对照	调查点 1	11 300	6.21	5.58	42.0	391.57
	调查点 2	10 500	6.85	5.82	42.0	418.60
	平均	10 900	6.53	5.70	42.0	405.71

7.5.4　小结

（1）吐絮期化学打顶整枝剂处理株高较对照增长 6.55 cm，化控效果较好；

（2）棉花化学打顶整枝剂处理亩产量较对照减少 44.68 kg，减产 11.01%，单株成铃数的减少是籽棉单产减少的主要原因，可能与杂交棉品种的适应性和后期高温棉铃脱落有很大关系；

（3）建议在下一年的棉花生产中进一步探索杂交棉应用化学打顶整枝的配套栽培技术，并进一步完善其栽培技术措施。

7.6　第八师 147 团棉花化学打顶整枝剂试验示范总结

7.6.1　试验目的

验证氟节胺悬浮剂作为棉花化学打顶整枝剂的使用效果及对棉花的安全性，

为大面积推广应用提供技术支持。

7.6.2 供试药剂、地点及品种

1. 供试药剂

张掖大弓芽封棉花化学打顶整枝剂,主要成分 25％氟节胺悬浮剂;江苏瑞邦棉花化学打顶整枝剂,含量 30％氟节胺悬浮剂;浙江化工科技棉花化学打顶整枝剂,含量 25％氟节胺悬浮剂;沧州志诚棉花化学打顶整枝剂;含量 40％氟节胺悬浮剂。

2. 示范地点

第八师 147 团 16 连 8-5-1 条田。

3. 供试品种

新陆早 72 号。

7.6.3 试验处理及方法

试验设 5 个处理,不设重复。

1. 试验处理及用量

对照:对照正常人工打顶;

处理 1:张掖大弓芽封棉花化学打顶整枝剂;

处理 2:江苏瑞邦棉花化学打顶整枝剂;

处理 3:浙江化工科技棉花化学打顶整枝剂;

处理 4:沧州志诚棉花化学打顶整枝剂。

氟节胺第一次在 6 月 15—20 日喷施,第二次在 7 月 5—10 日喷施;栽培措施和甲哌鎓施用按照正常棉田管理,处理及药剂使用量见表 7.39。

表 7.39　处理及药剂使用量

处理	第一次施药量/(mL/亩)	第二次施药量/(mL/亩)	水量/(L/亩)
对照	0	0	0
处理 1	60	90	40
处理 2	80	130 g 芽封＋15 g 甲哌鎓	40
处理 3	100	150	40
处理 4	60	95 g 芽封＋20 g 甲哌鎓	40

2. 注意事项

a. 施药前 3～5 d 严禁水肥；

b. 甲哌鎓施用按照正常棉田管理；

c. 严禁与叶面肥(磷酸二氢钾、尿素、赤霉素、胺鲜酯等)混合使用；

d. 喷施 6 h 内如遇下雨，减量重喷。

7.6.4　田间调查

田间调查见表 7.40 至表 7.42。

表 7.40　棉田基本情况调查

单位	地号	面积/亩	品种	播种方式	亩株数/株	第一次喷施叶龄（时间）	第二次喷施叶龄（时间）
16 连	8-5-1	266	新陆早 72 号	精量点播	11 000	8～9(6 月 15 日)	14～15(7 月 5 日)

表 7.41　甲哌鎓化控次数、时间及用量

项目	第一次	第二次	第三次	第四次	第五次	第六次	第七次
时间	5 月 1 日	5 月 10 日	5 月 21 日	6 月 1 日	6 月 15 日	6 月 24 日	7 月 5 日
用量/(g/亩)	0.4	2	2	5	5	7	20

表 7.42　水肥运筹

项目	1 水	2 水	3 水	4 水	5 水	6 水	7 水	8 水
进水日期	6 月 4 日	6 月 11 日	6 月 19 日	7 月 1 日	7 月 10 日	7 月 19 日	8 月 1 日	8 月 15 日
水量/(m³/亩)	50	30	30	30	30	30	30	30
肥料	P＋K	N＋P＋K	N＋P＋K	N＋P＋K	N＋P＋K	N＋P＋K	N＋P＋K	N
用量/(kg/亩)	3＋1	5＋2＋1	5＋2＋1	8＋3＋2	12＋3＋2	15＋3＋2	10＋1＋1	5

7.6.5 结果与分析

1. 形态指标调查分析

通过表 7.43 可以看出,吐絮期处理 1 至处理 4 比对照株高增加了 3.1~3.5 cm,果枝数增加了 0.9~1.3 台,铃数增加了 0.2~0.3 个。

表 7.43 形态指标调查

处理	第二次施药前			第二次施药 10 d 后			第二次施药 20 d 后			吐絮期		
	株高/cm	果枝数/台	铃数/个	株高/cm	果枝数/台	铃数/个	株高/cm	果枝数/台	铃数/个	株高/cm	果枝数/台	铃数/个
对照	70.1	7.2	3.0	71.7	7.6	4.1	73.2	8.1	6.0	72.8	8.1	6.0
处理 1	72.4	8.0	3.3	74.8	9.0	4.3	75.6	9.0	6.2	75.9	9.0	6.2
处理 2	74.0	8.3	3.2	75.0	8.9	4.2	75.9	8.9	6.2	76.1	9.0	6.3
处理 3	73.2	8.1	3.2	75.1	9.1	4.4	76.1	9.2	6.1	76.1	9.4	6.3
处理 4	74.1	8.3	3.1	75.7	9.1	4.3	75.7	9.2	6.3	76.0	9.3	6.3

2. 棉花产量测定分析

通过表 7.44 可以看出,处理 1 比对照亩产量高 19.7 kg,增产 5.9%。处理 2 比对照亩产量高 12.7 kg,增产 3.8%。处理 3 比对照亩产量高 16.6 kg,增产 4.9%。处理 4 比对照亩产量高 11.1 kg,增产 3.3%。

表 7.44 棉花产量测定

处理	株数/(株/亩)	单株成铃数/个	单铃重/g	衣分/%	亩产量/kg
对照	11 000	6.5	4.7	39.0	336.1
处理 1	11 300	6.7	4.7	39.5	355.8
处理 2	11 150	6.8	4.6	39.5	348.8
处理 3	11 200	6.7	4.7	39.5	352.7
处理 4	11 100	6.8	4.6	39.5	347.2

7.6.6　结论

通过以上数据分析可知,棉花化学打顶整枝剂表现良好,处理 1 至处理 4 比对照吐絮期铃数增加了 0.2~0.3 个,亩产量增加 3.3%~5.9%,值得进一步示范和推广。

7.7　化学打顶整枝剂对机采棉农艺性状的影响

7.7.1　研究目的和内容

1. 目的及意义

棉花化学整枝技术是用植物生长调节剂氟节胺与甲哌鎓喷雾代替人工打顶的技术。棉花化学整枝可有效抑制棉花顶尖生长,塑造理想株型,改善棉田通风透光,提高棉花的化学脱叶效果。化学整枝综合配套技术的应用,对实现真正意义的棉花全程机械化具有重要作用。

2. 研究内容

通过对棉花化学整枝剂不同施用时段、与常规甲哌鎓化控技术配合施用的试验,探索合理水肥运筹下的棉花整枝剂综合配套技术,制定棉花化学整枝剂综合配套技术规程,最大限度地简化棉田整枝工序,降低植棉成本,实现棉花全程机械化。

3. 示范地点

第四师 67 团、63 团,第五师 81 团、83 团、86 团、89 团、90 团,第七师 129 团、130 团,第八师 147 团,第十三师红星四场。

4. 施药时间及方法

药剂:禾田福可氟节胺化学打顶整枝剂。第一次化学打顶整枝剂喷施时间为 6 月中旬,亩用量 100 mL,亩配水量 30 kg;第二次化学打顶整枝剂喷施时间为 7 月 10 日,亩用量 150 mL,亩配水量 40 kg。

7.7.2 结果与分析

1. 化学打顶整枝剂施用时间对生育期的影响

从表7.45至表7.47中可以看出,各处理与对照进行棉花生育期比较,生育期没有差别,说明喷施氟节胺对棉花生育期基本没有影响。

表 7.45　89 团棉花生育期调查 月/日

处理	播种期	出苗期	现蕾期	始花期	盛花期	吐絮始期
对照	4/6	4/19	6/5	7/6	7/15	9/5
处理 2	4/6	4/19	6/5	7/6	7/16	9/5
处理 3	4/6	4/19	6/5	7/6	7/16	9/5
处理 4	4/6	4/19	6/5	7/6	7/16	9/5

表 7.46　67 团棉花生育期调查 月/日

处理	播种期	出苗期	现蕾期	始花期	盛花期	吐絮始期
对照	4/11	4/21	6/4	7/2	7/18	8/23
处理 2	4/11	4/21	6/4	7/2	7/18	8/23
处理 3	4/11	4/21	6/4	7/2	7/18	8/23
处理 4	4/11	4/21	6/4	7/2	7/18	8/23

表 7.47　红星四场棉花生育期调查 月/日

处理	播种期	出苗期	现蕾期	始花期	盛花期	吐絮始期
对照	4/22	5/2	6/1	6/24	7/6	8/29
处理 2	4/22	5/2	6/1	6/24	7/6	8/29
处理 3	4/22	5/2	6/1	6/24	7/6	8/29
处理 4	4/22	5/2	6/1	6/24	7/6	8/29

2. 化学打顶整枝剂对棉株形态、株型的影响

(1) 化学打顶整枝剂对棉花顶心的影响

化学打顶整枝剂施药后 4~6 d,棉株叶片皱缩、叶脉发黄,顶心不同程度开始褪绿,顶心灰白,易脱落。

(2)化学打顶整枝剂对棉花株高的影响

第一次喷药后,药剂对棉花株高有抑制作用,而人工打顶株高增长较快;第二次喷药后,株高受到较大抑制。表7.48至表7.50为不同实施团场棉花株高形态指标调查。下述实施团场的整枝剂处理使棉株较对照增高7.9~11.1 cm。

表7.48　第五师实施团场棉花株高形态指标调查　　　　　　　　　　cm

处理	81团7连	81团1连	83团8连	86团13连	89团5连	90团2连	合计
对照	78.6	64.0	72	67.5	62.61	66.0	68.45
处理	81.9	73.8	85	79.3	74.45	82.9	79.56
增减	3.3	9.8	13	11.8	11.84	16.9	11.11

表7.49　第四师实施团场棉花株高形态指标调查　　　　　　　　　　cm

处理	67团3连	67团6连	67团11连	合计
对照	69.3	70.9	70.4	70.2
处理	79.5	78.3	76.5	78.1
增减	10.2	7.4	6.1	7.9

表7.50　第七师实施团场棉花株高形态指标调查　　　　　　　　　　cm

处理	129团14连	130团18连	合计
对照	63.3	74.3	68.8
处理	77.4	80.4	78.9
增减	14.1	6.1	10.1

(3)化学打顶整枝剂对棉花主茎节间的影响

人工打顶后,上部未完成伸长生长的主茎节间仍会继续生长,打顶后第0~15天主茎的增长较明显,第20~25天及以后主茎停止生长。化学打顶整枝剂喷施后起缓慢抑制作用,主茎一般情况下不会自然停止生长,而是主茎节间增长缓慢,最后呈现自打顶效果。从图7.1可以看出,整枝剂抑制主茎增长主要从第三主茎节间开始,使第三至七主茎节间较对照平均缩短1.27 cm。

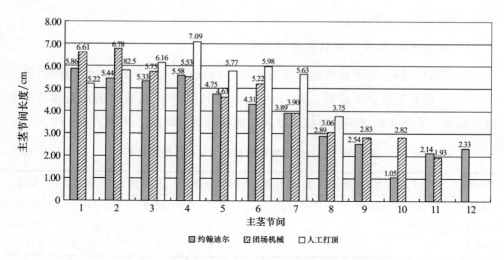

图 7.1　化学打顶整枝剂对棉花主茎节间的影响

（4）化学打顶整枝剂对棉花第一、二果枝节间的影响

人工打顶后顶端优势丧失，棉花上部果枝迅速伸长。而喷施化学打顶剂后，从第三台果枝开始，果枝第一节间伸长受到显著抑制（图 7.2），果枝第一节间长度较对照减少 2.1～4.1 cm，平均减少 3.1 cm；果枝第二节间长度从第二台果枝开始受到显著抑制（图 7.3），果枝第二节间长度较对照减少 1.7～3.4 cm，平均减少 2.5 cm。由于化学打顶整枝剂可缩短果枝第一、二节间长度，化学打顶整枝剂可减轻棉田郁闭，增加棉田通风透光，减少烂铃，提高中下部的坐桃率。

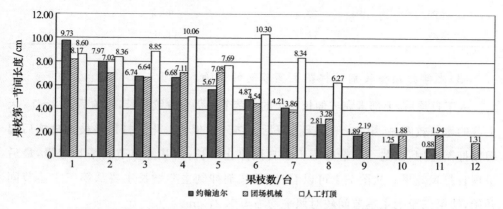

图 7.2　化学整枝剂对植株每台果枝第一果枝节间的影响

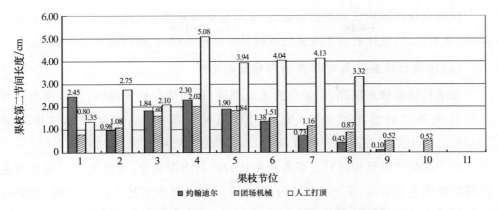

图 7.3 化学整枝剂对植株每台果枝第二果枝节间的影响

（5）化学打顶整枝剂对棉花株型特征的影响

化学打顶剂使棉株中上部果枝显著缩短，棉花株型呈尖塔形，田间通风透光情况改善，冠层中上部透光率较人工打顶增大。从图 7.4 可看出，化学打顶棉花的株型呈"高杆瘦身"尖塔形，而人工打顶棉花呈倒塔形或筒形偏伞形。株型的改变增加了棉花中下部冠层的透光率，利于后期脱叶剂喷施均匀和脱叶，利于中下部棉铃的生长和吐絮，易于机采棉的机械采收。

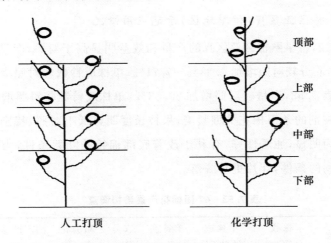

图 7.4 化学打顶整枝剂对棉花株型的影响

使用整枝剂的棉田棉花株型紧凑,果节长度明显低于对照,成铃大多位于第一果节,通透性好,这样有利于改善底部棉铃的吐絮条件,机收棉质量也就更优。

(6)化学打顶整枝剂对棉株顶部结铃的影响

化学打顶整枝剂顶部 2～3 台为无效果枝,顶部部分棉株结铃,但比例小。通过棉株顶部结铃情况的调查(表 7.51),棉株顶部 1～3 台果枝结铃率达到22.78%。9 月 5 日喷施脱叶剂后,9 月 23 日调查脱叶率达到 94.25%。

由于化学打顶整枝剂对上部果枝伸长的抑制作用明显,果枝上第一果节着生的棉铃距离主茎很近(平均不足 3 cm),而人工打顶对照超过 6 cm。此外,化学打顶上部果枝一般只着生 1 个棉铃,而人工打顶上部果枝伸长相对充分,成铃可能超过化学打顶。

表 7.51　棉株顶部结铃情况的调查

地点	品种	密度/(株/亩)	顶部结铃率/%	脱叶率/%	单株结铃数/个	亩铃数/个	亩产量/kg
147 团 7 连	新陆早 45 号	14 000	22.78	94.25	5.20	72 800	364

3. 不同生态区化学打顶整枝剂推广应用情况

(1)特早熟棉区亚区 Ⅳ(伊犁地区)示范应用情况

根据表 7.52,特早熟棉区亚区 Ⅳ 的产量和效益明显高于对照,产量较对照增加2.1%～9.43%,衣分较对照增加 1.88%～7.71%,单株成铃数较对照增加 2.53%～9.52%。根据表 7.53,产量较对照增加 20.38%,单株成铃数较对照增加 25%。施用化学打顶整枝剂的条田棉花株型紧凑,果枝长度明显低于对照,特别是第六至八台果枝表现尤为明显,通透性好,有利于改善底部棉铃的吐絮条件,为机采喷施脱叶剂创造了有利的条件,叶片更易脱落。

表 7.52　67 团棉花产量结构调查

地点	处理	株数/(株/亩)	单株成铃数/个	单铃重/g	衣分/%	霜前花率/%	测产产量/(kg/亩)	与对照产量比较/%
3 连 6#2	示范	16 000	6.9	5.6	44.7	92	409	14.57
	对照	16 000	6.3	5.6	41.5	95	357	

续表7.52

地点	处理	株数/(株/亩)	单株成铃数/个	单铃重/g	衣分/%	霜前花率/%	测产产量/(kg/亩)	与对照产量比较/%
6连40#3	示范	15 000	8.4	6.4	39.2	90	459	3.85
	对照	15 000	8.1	6.8	38.3	92	442	
11连4#4	示范	13 000	8.1	5.2	43.4	89	431	2.38
	对照	13 000	7.9	5.6	42.6	91	421	

表 7.53   63 团棉花产量结构调查

处理	株数/(株/亩)	单株成铃/个	单铃重/g	衣分/%	测产产量/(kg/亩)	与对照产量比较/%
示范	11 500	8.5	5.2	41.0	508	20.38
对照	11 500	6.8	5.4	40.8	422	

(2)早熟棉区亚区Ⅲ(博乐、奎屯、石河子地区)示范应用情况

在早熟棉区亚区Ⅲ,整枝剂处理较对照产量增减幅度在-1.91%～5.28%,不同管理者对技术的掌握程度不同,对产量的影响也不同,详见表7.54至表7.57。

表 7.54   89 团棉花产量结构调查

处理	株数/(株/亩)	单株成铃数/个	单铃重/g	衣分/g	测产产量/(kg/亩)	实收产量/(kg/亩)	产量增减/%
对照	14 700	4.94	4.9	45.9	385.05	325.11	5.28
示范	14 790	4.99	5.4	46.0	390.88	342.28	

表 7.55   81 团棉花实收效益分析

处理	实收产量	亩产值/元	人工打顶费用/(元/亩)	整枝剂费用/(元/亩)	比对照增收/(元/亩)	产量增减/%
对照	381	2 857.5	45	0	65	2.1%
示范	389	2 917.5	0	40		

表 7.56   147 团棉花产量结构调查

处理	株数/(株/亩)	单株成铃数/个	单铃重/g	衣分/%	产量/(kg/亩)	产量增减/%
对照	16 700	4.90	5.2	41	401.0	-1.87
示范	16 700	4.59	5.2	41	393.5	

表 7.57　130 团棉花产量结构调查

处理	株数/(株/亩)	单株成铃数/个	单铃重/g	测产产量/(kg/亩)	产量增减/%
对照	12 800	6.5	5.44	436.5	4.08
示范	12 500	6.8	5.51	454.3	

（3）早中熟次亚区Ⅱ₂（哈密）示范应用情况

表 7.58 可见,在早中熟次亚区Ⅱ₂整枝剂处理较对照单株成铃数增加 0.1 个,增产 0.28%。

表 7.58　红星四场棉花产量结构调查

处理	株数/(株/亩)	单株成铃数/个	单铃重/g	衣分/%	实收产量/(kg/亩)	产量增减/%
对照	14 100	5.2	5.8	41	352	0.28
示范	14 100	5.3	5.8	41	353	

7.7.3　棉花化学打顶整枝剂关键技术

（1）棉花化学打顶整枝剂应与常规甲哌鎓化控技术配套施用。棉花化学打顶整枝剂只抑制棉株顶端优势,起到替代人工打顶的作用。而甲哌鎓主要抑制细胞拉长,起控制节间长短和株高的作用,所以棉花化学打顶整枝剂和甲哌鎓不能互相替代。注重与甲哌鎓常规化控相结合,提高棉株顶部结铃率,从而提高稳产性。

（2）喷药时间。第一次喷药时间:根据棉花长势,当棉株高度在 55 cm 左右、果枝数达到 5 台、6 月 15 日左右(高度、台数和时间其中一个达到要求即可)开始喷药。第二次喷药时间:株高在 75~80 cm、果枝数在 8 台左右,正常情况在 7 月 5—10 日开始使用。

（3）用药剂量。第一次采用顶喷(机械喷施),用药量 100 g/亩,亩下水量 30 L。第二次采用顶喷(机械喷施),用药量 150 g/亩,亩下水量 40 L。

（4）棉田后期合理管控水肥,避免棉花贪青晚熟。第二次喷施氟节胺后,必须控水 5 d 以上方可进行滴水,且滴水水量要适度,不宜大水大肥,做到不旱不滴,以避免棉花贪青晚熟。

附　录

附录1　棉花化学打顶整枝应用技术规范
(DB 65/T 4403—2021)

前　言

本文件按照 GB/T 1.1—2020《标准化工作导则　第 1 部分:标准化文件的结构和起草规则》的规定起草。

本文件由新疆生产建设兵团农业技术推广总站提出。

本文件由新疆维吾尔自治区农业农村厅归口并组织实施。

本文件起草单位:新疆生产建设兵团农业技术推广总站、石河子大学、中国农业大学、新疆农业大学。

本文件主要起草人:王林、王峰、宋敏、张旺锋、李召虎、田晓莉、杜明伟、赵强、毕显杰、张新国、王海标、王文博、李秋霞、赵冰梅、马江峰。

本文件实施应用中的疑问,请咨询新疆生产建设兵团农业技术推广总站、石河子大学、中国农业大学、新疆农业大学。

对本文件的修改意见建议,请反馈至新疆维吾尔自治区市场监督管理局(乌鲁木齐市新华南路 167 号)、新疆维吾尔自治区农业标准化委员会(乌鲁木齐市胜利路 157 号)、新疆生产建设兵团农业技术推广总站(乌鲁木齐市高新区高新街 48 号)。

新疆维吾尔自治区市场监督管理局　联系电话:0991-8568308;传真:0991-2311250;邮编:830004

新疆维吾尔自治区农业标准化委员会　联系电话：0991-8551484；邮编：830000

新疆生产建设兵团农业技术推广总站　联系电话：0991-3663857；传真：0991-3818580；邮编：830011

石河子大学　联系电话：0993-2057326；邮编：832003

中国农业大学　联系电话：010-62734550；邮编：100094

新疆农业大学　联系电话：0991-8762263；邮编：830052

1　范围

本文件规定了棉花化学打顶整枝技术的药剂选择、配制、施用时间、施用剂量、施用方法、施用条件、注意事项、化学打顶整枝技术需配套的水肥管理、化控管理和棉花农艺技术指标等。

本文件适用于指导和规范西北内陆棉区棉花生产。

2　规范性引用文件

下列文件中的内容通过文中的规范性引用而构成本文件必不可少的条款。其中，注日期的引用文件，仅该日期对应的版本适用于本文件；不注日期的引用文件，其最新版本（包括所有的修改单）适用于本文件。

DB 65/T 3979　机采棉田机械施药技术规范

农药管理条例　2017 年 6 月 1 日

3　术语和定义

下列术语和定义适用于本文件。

3.1　棉花化学打顶整枝剂

agent for chemical topping and pruning of cotton

属于植物生长调节剂，可抑制棉花顶端分生组织的细胞分裂及伸长，延缓或抑制顶芽的生长，限制棉花无限生长习性，塑造棉花理想株型，促进棉花营养生长向生殖生长转化。

3.2 化学打顶整枝剂药害

harm of chemical topping and pruning agent

施用后,因不良环境或使用不当而对棉花生长发育造成伤害,如蕾、铃脱落,株高抑制作用降低等,导致减产或品质下降等。

4 棉花化学打顶整枝剂的选择

4.1 选择依据或原则

4.1.1 以《农药管理条例》作为基本依据,按照国家农药产品登记信息选择适宜的棉花化学打顶整枝剂产品。

4.1.2 选择对作物安全及环境友好的植物生长调节剂产品。

4.2 推荐制剂

本文件推荐采用以下两种方案:

a)氟节胺方案:25％氟节胺悬浮剂,40％氟节胺悬浮剂;

b)甲哌鎓方案:98％甲哌鎓粉剂和液体助剂。

5 棉花化学打顶整枝剂的配制

5.1 配制前准备

应仔细、认真地阅读产品的标签,根据产品剂量、配制方法及用水量要求,准备量取棉花化学打顶整枝剂的器皿。

5.2 配制方法

5.2.1 准确核定施药面积,根据推荐的棉花化学打顶整枝剂应用剂量计算用量,以专用量具准确量取。

5.2.2 采用二次稀释法配制药液,先用少量水将棉花化学打顶整枝剂稀释成"母液",然后在药箱中加入额定用水量30％～50％的水,倒入"母液",同时进行回水搅拌,再加足所需的水,充分搅拌确保药液混匀。

5.2.3 药液应现用现配,避免久置,短时存放时,应密封并安排专人保管。

5.3 注意事项

5.3.1 棉花化学打顶整枝剂应严格按照产品说明操作使用,避免盲目加大或减少剂量,根据棉花化学打顶整枝剂的剂型,按照农药标签推荐的方法配制。

5.3.2 棉花化学打顶整枝剂在使用前应始终保存在其原包装中。使用完的农药瓶、纸箱等包装材料应分类妥善回收处理,不能随意丢弃。

5.3.3 配药时应远离水源,严防污染饮用水源和畜禽误食。所用称量器具在使用后都要清洗,不得作其他用途。冲洗后的废液应在远离居所、水源的地点妥善处理。

6 棉花化学打顶整枝剂的施用

6.1 施药器械

6.1.1 使用喷杆喷雾机械。喷雾机械的选择应符合 DB 65/T 3979 的规定。

6.1.2 喷杆喷雾机械的喷雾设备工作压力 0.2～0.3 MPa。

6.1.3 药箱内有射流、回水搅拌装置,将药液搅拌均匀。

6.1.4 施药作业结束后,应用清水或碱性洗液彻底清洗施药机械的药箱、喷杆及喷头等接触药剂的部位。

6.2 施药条件

6.2.1 应选择晴好天气,风力不大于二级时施药,喷施时间在 12:00 之前或 18:00 后,避免中午最热时间喷药。

6.2.2 25%、40%氟节胺悬浮剂严禁与含有激素类的农药和叶面肥(芸苔素内酯、胺鲜酯、磷酸二氢钾、尿素等)混用,可与微量元素(硼、锰、锌)混合使用。98%甲哌鎓粉剂可与胺鲜酯、磷酸二氢钾、尿素等及微量元素混用,慎用芸苔素内酯。

6.3 施药时期

25%、40%氟节胺悬浮剂施药应在棉花蕾期和花期使用,98%甲哌鎓粉剂在花期使用。

6.4 施药方法

6.4.1 喷药时间

6.4.1.1 氟节胺方案

25％、40％氟节胺悬浮剂需施药两次：

a)棉花蕾期,5台果枝,6月15—20日开始施药;

d)棉花花期,8台果枝,7月5—10日开始施药。

6.4.1.2 甲哌鎓方案

施药1次。98％甲哌鎓粉剂和液体助剂施药时间:棉花花期,8～9台果枝,7月1—10日施药。

6.4.2 用药剂量

6.4.2.1 25％氟节胺悬浮剂

第一次施药,用药量1.2～1.5 kg/hm²,兑水300～450 kg/hm²。

第二次施药,用药量1.8～2.25 kg/hm²,兑水450～600 kg/hm²。

6.4.2.2 40％氟节胺悬浮剂

第一次施药,用药量0.75～0.9 kg/hm²,兑水300～450 kg/hm²。

第二次施药,用药量1.35～1.5 kg/hm²,兑水450～600 kg/hm²。

6.4.2.3 98％甲哌鎓粉剂＋液体助剂

98％甲哌鎓粉剂用药量225 g/hm²,加液体助剂150 g/hm²,兑水300～450 kg/hm²。

6.4.3 喷施要求

6.4.3.1 采用顶喷(机械喷施),施药时喷头距棉株顶部高度25～30 cm。喷头选用扇形雾11003、11004喷头实行全覆盖喷雾,确保棉株顶部生长点充分接触药液;机车作业速度控制在3～5 km/h。

6.4.3.2 应保证喷洒均匀,不重不漏。喷洒时应先启动动力,然后打开送液开关;停车时,要先关闭送液开关,后切断动力。在地头转向时,动力输出轴应始终旋转,以保持喷雾液体的搅拌,但送液开关必须为关闭状态。

6.4.3.3 喷施后4 h内遇雨,应根据具体情况减量补喷。

7 协调配套技术

7.1 水肥协调配套技术

氟节胺悬浮剂施药后 5~7 d 不宜进水肥。98%甲哌鎓粉剂施药后 3 d 内不宜进水肥。药后应严格水肥管理,避免大水大肥,对田间土壤水分充足、棉花长势较强棉田,下一次滴水时间应适当推迟,但土壤水分含量低于田间持水量的 65%时需及时滴水,避免棉田干旱胁迫。

7.2 配套化学控制技术

7.2.1 氟节胺施用棉田:氟节胺第二次施药后 5~10 d 进行重控(旺长棉田早重控,正常棉田在进水 3 d 后进行重控),甲哌鎓用量 150~225 g/hm² (旺长棉田用高限,正常棉田用低限);株高 65 cm 以下棉田,第二次施药后无需重控,甲哌鎓根据实际需求使用。

7.2.2 甲哌鎓施用棉田:为确保棉花稳健生长,增强化学封顶效果,化学封顶前 3~7 d 进行甲哌鎓化控,甲哌鎓用量在 45~75 g/hm²;化学封顶后 5~10 d 要进行重控,甲哌鎓用量在 120~180 g/hm²,对于个别后期长势过旺的棉田,尤其是进入 8 月上、中旬依然长势明显的棉田,还可以再追加一次化控,甲哌鎓剂量在 150~225 g/hm²。

附录 2 北疆机采棉优质高效栽培技术规程

本规程规定了机采细绒棉的播前准备、精量播种、生育期管理、化学脱叶催熟技术和机械采收前的准备。

本规程适用于北疆集约化水平较高的机采棉区。

1 主要技术指标

1.1 株行配置

采用宽膜(2.05 m 膜宽)机采棉配置:2 膜 12 行"66+10"膜上精量点播,采用 13 或 14 穴点种器,理论株数 1.5 万~1.6 万株/亩,收获株数达到 1.3 万~1.4 万株/亩,1 膜 2 管或 3 管。

1.2 产量结构

亩收获株数 1.4 万株

单株果枝数 6~7 台

亩果枝数 9 万台左右

亩铃数 8 万~9 万个

单铃重 5 g

亩产 400~450 kg

1.3 长势长相

苗期:主茎日生长量 0.3~0.5 cm,红茎比为 50%,株高 18 cm 左右。

蕾期:初蕾期主茎日生长量 0.6~0.8 cm,盛蕾期主茎日生长量 1~1.2 cm,红茎比为 60%,株高 40 cm 左右。

花铃期:主茎日生长量 1.2~1.5 cm,株高 60~65 cm。

1.4 化学打顶后植株控制高度

化学打顶后棉花高度控制在 75~80 cm,果枝始节高度 20~22 cm。

1.5 品种选择及种子质量

1.5.1 品种选择

在品种选择上既要考虑早熟性、抗逆抗病抗虫性,又要特别注重纤维长度和衣分等内在品质(纤维长度 29 mm 以上、断裂比强度 29 cN/tex 以上),充分满足机采棉技术要求。

1.5.2 种子质量及处理

1.5.2.1 种子质量要求

棉种纯度达到97％以上,经过硫酸脱绒精选后的棉种净度不低于99％,加工精选后的棉种发芽率93％以上,健籽率95％以上,含水率12％以下,破碎率3％以下。

1.5.2.2 种子处理

播前每100 kg种子使用种衣剂福多甲,按种子量50∶1拌种包衣,处理后晾晒3～5 d使用。

2 主要栽培技术

2.1 播前准备

2.1.1 土地准备

秋收后清理残膜,及时秋耕。

2.1.2 整地

早春解冻后清洁田间秸秆、杂草,用搂膜耙搂膜,整修地头地边,化除后及时耙地,耙深3～3.5 cm。耙地机械必须带扎膜辊搂捡田中残膜,达到耙后土地平整、细碎、无杂草、无残膜的整地标准。

2.1.3 化学除草

每亩用48％氟乐灵100～120 g或33％二甲戊灵150～180 g进行土壤处理,程序是插线—打药—对角耙—直耙后收地边一圈—待播。

2.1.4 机械准备

对精量播种机械进行检修、保养和调试,达到可使用状态。

2.2 播种

2.2.1 适时播种

当膜下5 cm地温稳定通过12℃时即可播种,正常年份在4月初进行试播,4月10日大量播种,4月20日前结束播种。

2.2.2 播量及播深

采用精量(1穴1粒)播种技术。播深 1～1.5 cm,种行膜面覆土厚度 1～1.5 cm。

2.2.3 播种质量要求

播行端直,膜面平展,压膜严实,覆土适宜,错位率不超过 3%,空穴率不超过 2%。

2.3 田间管理

2.3.1 补种

播种时出现的断垄地段插上标记,播后及时补种,并在播后补齐地头地边,力争满块满苗。

2.3.2 滴水出苗

播后迅速布管滴水,4月25日前结束滴水出苗工作。

2.3.3 破除板结

下雨后及时破除板结,以利于棉苗出土。

2.3.4 适时中耕

中耕做到"宽、深、松、碎、平、严",要求中耕不拉沟、不拉膜、不埋苗,土壤平整、松碎,镇压严实。中耕深度 12～14 cm,耕宽不低于 22 cm。

2.3.5 清余苗

及早清理余苗,培育壮苗。

2.3.6 化调

化调必须综合考虑品种、地力、水肥、棉花长势长相、密度、气候条件等因素,因地制宜确定化调时间及用量,原则上应采用如下办法:

第一次化调,在棉苗出齐现行后用甲哌鎓 0.5～1 g 进行化调,确保果枝始节高度控制在 20～25 cm;第二次化调在两片真叶时用甲哌鎓 2～3 g 进行化调,控制棉株节间长度和促进花芽分化;第三次化调:在打顶后 8～10 d 进行,每亩用甲哌鎓 6～8 g。

对于长势偏旺的棉田,打顶后要进行两次化控,第二次在第一次化控后 10 d 进行,每亩用甲哌鎓 6～8 g。防止上部果枝过度伸长造成中部郁蔽,控制无效花蕾和赘芽生长,忌用一次性大剂量甲哌鎓化控。

2.3.7　水肥运筹

2.3.7.1　施肥指标

坚持以地定产、以产定肥的施肥原则,按 400～450 kg/亩籽棉目标产量确定每亩地施标肥总量 180～190 kg。N∶P_2O_5∶K_2O＝1∶0.30∶0.25。

全层施肥:尿素 10 kg,滴灌肥 12 kg。(含纯氮 4.6 kg,纯磷 5.52 kg)

生育期追肥:尿素 42～43 kg;滴灌肥(N、P_2O_5、K_2O、螯合态 B、螯合态 Zn、螯合态 Mn 含量分别为 6％、12％、42％、0.08％、0.08％、0.04％)15 kg。(生育期含纯氮 20.22～20.68 kg,纯磷 1.8 kg,纯钾 6.3 kg)

2.3.7.2　棉花全生育期滴水次数及滴水量

全生育期滴水 8～10 次,每亩总滴水量为 230～280 m^3。

2.3.7.3　具体滴水量及滴肥量

4 月份:出苗水 30～35 m^3/亩。

6 月份:滴水 2～3 次,正常年份第一次滴水在 6 月上旬开始,滴水量 30 m^3/亩;第二次、三次滴水量 20～25 m^3/亩。从 6 月 10 日开始计算,按照每日施用滴灌肥 0.15 kg、尿素 0.35 kg 的标准,6 月份每亩共滴施滴灌肥 3 kg、尿素 7 kg。

7 月份:滴水 3～4 次,每次滴水量 25～30 m^3/亩。从 7 月 1 日开始计算,按照每日施用滴灌肥 0.4 kg、尿素 1 kg 的标准,7 月份每亩共滴施滴灌肥 12 kg、尿素 30 kg。

8 月份:滴水 2～3 次,每次滴水量 20 m^3/亩,共滴施尿素 5～6 kg/亩(此期滴水量和供肥量每次应呈递减趋势,前多后少,8 月 20 日停肥,8 月 25 日停水)。

2.3.8　化学打顶整枝

坚持"枝到不等时,时到不等枝"的原则,适期早打顶。

选用氟节胺悬浮剂类型化学打顶整枝剂:棉花花期,8 台果枝,7 月 5—10 日开始施药。用药量 1.8～2.25 kg/hm^2,兑水 450～600 kg/hm^2(具体施用方法根据产品说明)。

选用甲哌鎓类型棉花化学打顶整枝剂:98%甲哌鎓粉剂和液体助剂。施药时间:棉花 8～9 台果枝,7月 1—10 日施药。98%甲哌鎓粉剂用药量 225 g/hm²,加液体助剂 150 g/hm²,兑水 300～450 kg/hm²(具体施用方法根据产品说明)。

2.3.9 病虫害防治

加强秋耕冬灌基础工作,切实做好病虫调查监测,抓早治,合理利用天敌,综合防治,严格指标,选择用药,不随意普治。

2.3.9.1 棉铃虫防治

防治原则:严防一代"降基数",主防二代"降虫口",不放松三代"保产量",坚持做到"药打卵高峰,治在二龄前"。主要措施有:①频振灯诱蛾;②早春铲埂除蛹;③杨枝把诱蛾;④种植诱集带诱杀;⑤控制棉花徒长,喷施磷酸二氢钾,降低棉铃虫落卵量;⑥将打顶后的顶尖带出田外处理;⑦达到防治指标时应用选择性药物防治。

2.3.9.2 棉叶螨防治

一是早春渠道、林带、地头地边早防治;二是棉田早调查,做到治早、治少,防治在点片,采取"查、抹、摘、拔、除、打"综合措施;三是达到防治指标,选择用药。

2.3.9.3 棉蚜防治

一是开展冬季室内花卉灭蚜;二是早调查,做好中心株、中心片防治工作;三是防治棉花徒长;四是利用、保护好天敌,选择用药。

2.3.9.4 病虫防治考核目标

棉蓟马:为害多头率在 3%以下。

棉铃虫:直径 2 cm 以上蕾铃虫蛀率在 2%以下。

棉蚜:棉花卷叶株率不超过 10%。

棉叶螨:红叶不连片,严重红叶株率 10%以下。

病虫害损失不超过 3%。

2.4 收获

2.4.1 棉花后期管理

一是要做好贪青棉田促早熟工作,除净田间杂草;二是做好采收前各项准备工作;三是严格控制采摘质量,籽棉含水率不超过 10％;四是适期采摘,快采快交。

2.4.2 化学脱叶、催熟

2.4.2.1 脱叶剂选择

54％脱吐隆或 80％噻苯隆可湿性粉剂(瑞脱龙)。

2.4.2.2 脱叶时间

坚持"絮到不等时,时到不等絮"的原则,棉花田间吐絮率达 40％时开始喷施脱叶剂,9 月 12 日前结束,喷后要求连续 3～5 d 晴好天气。

2.4.3 机械采收

2.4.3.1 采收时间

脱叶后田间脱叶率 93％以上、吐絮率 95％以上时便可机械采收。

2.4.3.2 采收质量要求

采棉机正常采收作业速度控制在 3～5 km/h,不得高于 5 km/h。采净率达到 95％以上,总损失率不超过 4％(其中:挂枝损失 0.8％,遗留棉 1.5％,撞落棉 1.7％),含杂率在 10％以下。

附录3 南疆机采棉优质高效简化栽培技术规程

本规程规定了机采细绒棉的秋耕冬灌、播种准备、生育期管理、化学打顶整枝、化学脱叶催熟、机械采收等方面的技术准备工作。

本规程适用于南疆集约化水平较高的机采棉区。

1 秋耕冬灌(上年 10 月底至 12 月初)

1.1 残膜捡拾

秋季棉花收获后,及时粉碎棉秆,100％捡拾残膜,确保残膜回收率达到 95％以上,方可进行秋耕作业。

1.2 秋施肥

秋耕翻地前施油渣 100 kg/亩、尿素 8～15 kg/亩、三料磷肥 15～25 kg/亩、硫酸钾肥 5～10 kg/亩。

1.3 秋耕

100％实施秋耕,因地制宜地推广深松、深翻和激光平地技术,增加土壤通透性,提高土地平整度。

1.4 冬灌

清理残膜,及时秋耕冬灌,每亩灌量 80～100 m³,做到灌水均匀,不重不漏。

2 品种准备(上年 9 月下旬至次年 3 月底)

2.1 品种原则

按照"高产、优质、机采"的原则,选择中早熟(生育期 125～130 d)、株型紧凑、抗逆性和抗病性强、内在品质好的品种。

2.2 种子处理

100％推广种子机械分选、人工粒选和种衣剂包衣技术,确保种子发芽率达到92％以上,增强出苗期的抗逆性和抗病性,提高出苗率。

3 适期播种(3 月底至 4 月上旬)

3.1 播前整地

3.1.1 整地时间

在 3 月上旬地表 5 cm 土壤开始化冻时进行整地;选择在 3 月底 4 月上旬,5 cm 地温连续 5 d 稳定在 12℃以上时开始整地。

3.1.2 质量标准

严格执行"墒、碎、平、齐、松、净"六字标准,防止因偏湿整地而破坏土壤团粒结构,加重土壤板结。

3.2 播前化学除草

土地平整后,选用33％二甲戊灵乳油(菜草通)每亩150～180 g或40％二甲戊灵悬浮液(草环通)每亩130～150 g对全田表层土地进行喷雾,施药后立即浅混土2～3 cm,进入待播状态。

3.3 铺膜播种

3月下旬至4月初,膜内5 cm地温连续5 d稳定在12℃以上再进行点播种工作。

3.4 株行配置

推广使用行距(66＋10) cm或(72＋4) cm,株距11 cm的播种模式,理论株数15 900株/亩,收获株数13 000～13 500株/亩,充分发挥其在提高脱叶效果和棉花品质方面的优势。

3.5 播种质量

①精量播种,空穴率低于2％,播种深度1.5～2 cm;②播行端直,接幅准确,推广卫星导航播种;③覆土合理,种孔处覆土严实;④采光面好,覆盖膜面光洁,增温效果好。

4 苗期管理(4月上旬至5月中旬)

4.1 压土防风

播种后及时在膜上按一定间距压适量土堆进行防风。

4.2 连接滴灌带

播种后及时连接滴灌支管和毛管,并根据土壤墒情和出苗情况,因地制宜地滴灌适量的出苗水。

4.3 中耕

播种后及时中耕,现蕾前一般中耕2～3次,耕深18～22 cm,增温保墒。

4.4 解放棉苗

当棉田出苗80％时,要及时解放棉苗,确保棉田保苗率达到90％以上。

4.5 查苗补种

解放棉苗后,及时进行查苗补种工作,确保棉田保苗率在85%以上,碱斑或断条面积占比在5%以下。

4.6 化调

分别在子叶至2叶期、4叶至5叶期进行两次化调,控制始果节位,促进花芽分化。

4.7 除草

4月下旬至5月初及时采用农达等内吸性农药涂抹三棱草。

4.8 病虫害防治

4月下旬至5月上旬及时铲除地边杂草,喷施地边保护带,减少虫源基数,防止蚜虫、棉蓟马、叶螨迁移棉田为害。

5 蕾期管理(5月中旬至6月20日)

5.1 化调

分别在7叶至8叶期、10叶至11叶期进行两次化调,有效控制节间长度,控制始果高度在20~22 cm,防止棉花旺长。

5.2 灌水

坚持促进壮苗早发、头水不旱不灌的原则。弱苗和滴水春灌棉田可适当提前灌溉。头水灌溉量要到位,确保浸润深度达到40 cm,增强主根的发育,促进根系下扎。灌溉周期6~7 d,每次灌量20 m³/亩左右。

5.3 施肥

轻施蕾肥。根据棉花生长发育情况,蕾期一般分两次随水滴施尿素8~10 kg/亩。

5.4 病虫害防治

及时查找棉蚜、棉蓟马等害虫中心株,并采用艾美乐1~2 g/亩或20%康福多乳油2 000倍人工喷雾进行点片防治。

6　花铃期管理(6月20日至7月底)

6.1　灌水

花铃期是棉花水肥需求高峰期,需加大水肥投入,灌溉周期适当缩短至 6～7 d,灌溉量增加至 25 m³/亩。

6.2　施肥

重施花铃肥。棉田见花后(6 月 20 日前后)开始追施棉花专用滴灌肥;花铃后期(8 月 1—15 日)追施尿素 10 kg/亩,防止棉花早衰。

6.3　打顶

坚持"枝到不等时,时到不等枝"的原则,适期早打顶。

选用氟节胺悬浮剂类型化学打顶整枝剂:棉花花期,8 台果枝,7 月 5—10 日开始施药。用药量 1.8～2.25 kg/hm²,兑水 450～600 kg/hm²(具体施用方法根据产品说明)。

选用甲哌鎓类型棉花化学打顶整枝剂:98%甲哌鎓粉剂和液体助剂。施药时间:棉花 8～9 台果枝,7 月 1—10 日施药。98%甲哌鎓粉剂用药量 225 g/hm²,加液体助剂 150 g/hm²,兑水 300～450 kg/hm²(具体施用方法根据产品说明)。

6.4　化调

在初花期、打顶后 3 d 和打顶后两周分别进行一次化调,控制棉花株型为筒形或塔形,最终株高 75～80 cm,顶部果枝长 15～20 cm,7 月 25 日前后黄花到顶,防止倒三角株型和后期贪青晚熟。

6.5　病虫害防治

加强对蚜虫、棉叶螨、棉蓟马的防治,对危害地块分别用 20%啶虫脒和专用杀螨剂进行点片防治,或提前滴施 20%康福多乳油 40 g/亩,控制其蔓延扩散,注意保护天敌。

7 后期管理(8 月初至 9 月中旬)

7.1 停水停肥

为防治棉花贪青晚熟,根据棉铃发育情况应当在 8 月 15—20 日停止施肥,8 月 25 日前停止灌水。

7.2 脱叶催熟

7.2.1 药剂选择

脱吐隆(36％噻苯隆＋18％敌草隆)、瑞脱龙(80％噻苯隆)、棉海(36％噻苯隆＋18％敌草隆)三种药剂可供选择。

7.2.2 喷药时间

最佳时期是 9 月 5—15 日。坚持"絮到不等时,时到不等絮"的原则,喷药时对吐絮的最低要求是 40％以上,对温度的最低要求是施药后 7 d 内日平均温度在 18℃以上,夜间最低温度不低于 12℃。

7.2.3 喷施质量

药液要均匀喷到棉株上、中、下部,叶片受药率不小于 95％。

8 机采收获(9 月下旬至 11 月初)

8.1 采前准备

棉田地头地边进行人工捡拾,确保采棉机地头转弯和卸棉。

8.2 适时机采

当棉田脱叶率达到 90％以上,吐絮率达到 95％以上,及时进行采收;采收后 15～20 d,根据剩余吐絮情况再进行一次复采。

8.3 有序交售和堆放

采收后,根据籽棉的水杂含量确定储运和交售方式。对水分和杂质含量均低于 10％的籽棉,可以直接进入团场棉花加工厂进行堆放;对水分或杂质超过 10％的籽棉,要堆放在符合相关条件的临时场地,进行摊晒和人工清杂。

参 考 文 献

[1] 阿力木江·克来木,赵强,占东霞,等.外源物质对化学封顶棉花农艺性状及产量形成的调控效应[J].中国农业科技导报,2019,21(10):20-29.

[2] 安静,黎芳,周春江,等.增效缩节安化学封顶对棉花主茎生长的影响及其相关机制[J].作物学报,2018,44(12):1837-1843.

[3] 别墅,王孝纲,张教海,等.长江中游棉花轻简化栽培技术规范[J].湖北农业科学,2012,51(24):5603-5605.

[4] 崔正鹏.种植密度和打顶方式对不同棉花品种生长发育及产量品质的影响[D].泰安:山东农业大学,2020.

[5] 戴翠荣,练文明,李子,等.南疆棉区氟节胺化学打顶技术初探[J].中国棉花,2013,40(9):31-33.

[6] 邓忠,白丹,翟国亮,等.不同植物生长调节剂对新疆棉花干物质积累、产量和品质的影响[J].干旱地区农业研究,2011,29(3):122-127.

[7] 董春玲.棉花喷施氟节胺化学打顶剂对植株农艺及经济性状影响的研究[D].石河子:石河子大学,2013.

[8] 董合忠,毛树春,张旺锋,等.棉花优化成铃栽培理论及其新发展[J].中国农业科学,2014,47(3):441-451.

[9] 杜明伟,冯国艺,姚炎帝,等.杂交棉标杂 A_1 和石杂 2 号超高产冠层特性及其与群体光合生产的关系[J].作物学报,2009,35(6):1068-1077.

[10] 杜明伟,罗宏海,张亚黎,等.新疆超高产杂交棉的光合生产特性研究[J].中国农业科学,2009,42(6):1952-1962.

[11] 杜刚锋,杨成勋,田景山,等.棉花化学打顶对机采棉脱叶催熟效果的影响[J].中国棉花,2019,46(8):19-21,32.

[12] 范正义,韩迎春,王占彪,等.艾氟迪在南疆棉花上的应用效果[J].中国棉花,2018,45(1):25-26,40.

[13] 冯国艺,姚炎帝,杜明伟,等. 缩节胺(DPC)对干旱区杂交棉冠层结构及群体光合生产的调节[J]. 棉花学报,2012,24(1):44-51.

[14] 龚双凤. 水肥调控对机采棉模式下棉花株型结构塑造及产量的影响[D]. 乌鲁木齐:新疆农业大学,2016.

[15] 韩焕勇,王方永,陈兵,等. 氮肥对棉花应用增效缩节胺封顶效果的影响[J]. 中国农业大学学报,2017,22(2):12-20.

[16] 韩焕勇,王方永,陈兵,等. 灌水量对北疆棉花增效缩节胺化学封顶效应的影响[J]. 棉花学报,2017,29(1):70-78.

[17] 黎芳,杜明伟,徐东永,等. 黄河流域不同密度及施氮量下增效缩节胺化学封顶对棉花生长、产量和熟期的影响[J]. 中国农业大学学报,2018,23(3):10-22.

[18] 李新裕,陈玉娟. 新疆垦区长绒棉化学封顶取代人工打顶试验研究[J]. 中国棉花,2001,28(1):11-12.

[19] 李雪,朱昌华,夏凯,等. 辛酸甲酯、癸酸甲酯和6-BA对棉花去顶的影响[J]. 棉花学报,2009,21(1):70-72.

[20] 刘保军,吴琼,李慧,等. 复硝酚钠与胺鲜酯对棉花化肥吸收率的影响[J]. 新疆农业科学,2020,57(4):754-761.

[21] 刘翠,张巨松,魏鑫,等. 甲哌鎓化控对南疆杂交棉功能叶生理指标及产量性状的影响[J]. 棉花学报,2014,26(2):122-129.

[22] 刘涛荣. 化学封顶对滴灌棉花农艺性状和产量的影响[D]. 石河子:石河子大学,2018.

[23] 刘仙若. 棉花氟节胺化学打顶与人工打顶产量对比分析[J]. 新疆农垦科技,2013,36(6):10-11.

[24] 刘学. 新疆兵团棉花化学打顶整枝技术研究现状及展望[J]. 农药科学与管理,2013,34(5):65-67.

[25] 刘帅,吴洁,李亚兵,等. 不同艾氟迪(AFD)处理对棉花产量形成和纤维品质的影响[J]. 棉花学报,2018,30(4):344-352.

[26] 刘帅,董合林,李亚兵. 艾氟迪和缩节胺不同处理对黄河流域棉花产量的影响[J]. 中国棉花,2018,45(2):19-23,27.

[27] 刘丽媛,李传宗,韩迎春,等.不同 AFD 浓度对棉花生长发育及产量的影响[J].中国棉花,2018,45(2):24-27.

[28] 娄善伟,赵强,朱北京,等.棉花化学封顶对植株上部枝叶形态变化的影响[J].西北农业学报,2015,24(8):62-67.

[29] 罗宏海,赵瑞海,韩春丽,等.缩节胺(DPC)对不同密度下棉花冠层结构特征与产量性状的影响[J].棉花学报,2011,23(4):334-340.

[30] 毛廷勇.阿拉尔垦区主栽陆地棉棉铃发育特性及化学打顶剂调节效应研究[D].阿拉尔:塔里木大学,2020.

[31] 孟璐,杜明伟,李亚兵,等.几种植物生长促进剂对棉花生长及脱叶催熟剂应用效果的影响[J].中国棉花,2020,47(11):16-21.

[32] 聂军军,代建龙,杜明伟,等.我国现代植棉理论与技术的新发展:棉花集中成熟栽培[J].中国农业科学,2021,54(20):4286-4298.

[33] 齐海坤,王赛,徐东永,等.不同棉区棉花 DPC 化学封顶技术研究[J].棉花学报,2020,32(5):425-437.

[34] 石峰,李海江,孙孝贵,等.基于缩节胺调控的免打顶棉花群体结构及产量分析[J].新疆农业科学,2021,58(11):1990-1999.

[35] 宋兴虎,徐东永,孙璐,等.在不同棉区噻苯隆和乙烯利用量及配比对脱叶催熟效果影响[J].棉花学报,2020,32(3):247-257.

[36] 苏成付,龚顺良,李树江,等.种植密度、氮施用量及打顶时间对棉花产量及产量因子影响的研究[J].分子植物育种,2017,15(8):3370-3378.

[37] 唐纪元.化学封顶对棉花光合物质生产及脱叶效果的影响[D].石河子:石河子大学,2021.

[38] 王刚,张鑫,陈兵,等.棉花化学打顶剂在新疆的推广应用现状及发展策略[J].中国植保导刊,2016,36(1):75-80.

[39] 王潭刚,马丽,李克富,等.不同密度下封顶方式对南疆棉花生长及产量性状的影响[J].中国农业科技导报,2019,21(6):110-116.

[40] 徐守振,杨延龙,陈民志,等.北疆棉区滴水量对化学打顶棉花冠层结构及产量的影响[J].新疆农业科学,2017,54(6):988-997.

[41] 徐守振,左文庆,陈民志,等.北疆植棉区滴灌量对化学打顶棉花植株农艺性

状及产量的影响[J].棉花学报,2017,29(4):345-355.

[42] 徐宇强,张静,管利军,等.化学打顶对东疆棉花生长发育主要性状的影响
[J].中国棉花,2014,41(2):30-31,38.

[43] 杨成勋,姚贺盛,杨延龙,等.化学打顶对棉花冠层结构指标及产量形成的影
响[J].新疆农业科学,2015,52(7):1243-1250.

[44] 杨成勋,张旺锋,徐守振,等.喷施化学打顶剂对棉花冠层结构及群体光合生
产的影响[J].中国农业科学,2016,49(9):1672-1684.

[45] 杨成勋.化学打顶对棉花植株形态、冠层结构及群体光合生产的影响[D].石
河子:石河子大学,2016.

[46] 杨长琴,张国伟,刘瑞显,等.种植密度和缩节胺调控对麦后直播棉产量和冠
层特征的影响[J].棉花学报,2016,28(4):331-338.

[47] 于可可,杜明伟,张祥,等.长江流域麦(油)后直播棉增效缩节胺化学封顶技
术研究[J].棉花学报,2021,33(1):86-94.

[48] 赵强,张巨松,周春江,等.化学打顶对棉花群体容量的拓展效应.棉花学报,
2011,23(5):401-407.

[49] 赵强,周春江,张巨松,等.化学打顶对南疆棉花农艺和经济性状的影响.棉花
学报,2011,23(4):329-333.

[50] Dai J,Dong H. Intensive cotton farming technologies in China:achievements,challenges and counter measures[J]. Field Crops Research,2014,155(1):99-110.

[51] Almeida D,Queiroz A. Cotton root and shoot growth as affected by application of mepiquat chloride to cotton seeds[J]. Acta Scientiarum:Agronomy,2012,34:61-65.

[52] Du M,Li Y,Tian X,et al. The phytotoxin coronatine induces abscission-related gene expression and boll ripening during defoliation of cotton[J]. Plos One,2014,9(5):e97652.

[53] Du M W,Ren X M,Tian X L,et al. Evaluation of harvest aid chemicals for the cotton-winter wheat double cropping system. Journal of Integrative Agriculture,2013,12(2):273-282.

[54] Gencsoylu I. Effect of plant growth regulators on agronomic characteristics, lint quality, pests, and predators in cotton[J]. Journal of Plant Growth Regulation,2009,28:147-153.

[55] Gwathmey C O,Clement J D. Alteration of cotton source-sink relations with plant population density and mepiquat chloride[J]. Field Crops Research, 2010,116:101-107.

[56] Jr D G W, York A C, Edmisten K L. Narrow-row cotton response to mepiquat chloride[J]. Journal of Cotton Science,2007,11(4):177-185.

[57] Liang F B,Yang C X,Sui L L,et al. Flumetralin and dimethyl piperidinium chloride alter light distribution in cotton canopies by optimizing the spatial configuration of leaves and bolls[J]. Journal of Integrative Agriculture, 2020,19(7):1777-1788.

[58] Mao L,Zhang L,Zhao X,et al. Crop growth,light utilization and yield of relay intercropped cotton as affected by plant density and a plant growth regulator[J]. Field Crops Research,2014,155(1):67-76.

[59] Meng L,Zhang L Z,QI H K,et al. Optimizing the application of a novel harvest aid to improve the quality of mechanically harvested cotton in the North China Plain[J]. Journal of Integrative Agriculture,2021,20(11):2892-2899.

[60] Ren X M,Zhang L Z,Du M W,et al. Managing mepiquat chloride and plant density for optimal yield and quality of cotton[J]. Field Crops Research, 2013,149:1-10.

[61] Wang L,Mu C,Du M W,et al. The effect of mepiquat chloride on elongation of cotton (*Gossypium hirsutum* L.) internode is associated with low concentration of gibberellic acid[J]. Plant Science,2014,225:15-23.

[62] Wu Q,Du M W,Wu J,et al. Mepiquat chloride promotes cotton lateral root formation by modulating plant hormone homeostasis[J]. BMC Plant Biology,2019,19:573.

[63] Yan W,Li F J,Xu D Y,et al. Effects of row spacing,nitrogen,and mepiquat chloride application on yield and spatio-temporal patterns of cotton bolls in

the yellow river valley of China[J]. Agronomy Journal,2020,113(1):61-74.

[64] Yang F Q,Du M W,Tian X L,et al. Plant growth regulation enhanced potassium uptake and use efficiency in cotton[J]. Field Crops Research, 2014,163:109-118.

[65] Yu K K,Liu Y,Gong Z L,et al. Chemical topping improves the efficiency of spraying harvest aids using unmanned aerial vehicles in high-density cotton [J]. Field Crops Research,2022,283:108546.

[66] Zhao W C,Du M W,Xu D Y,et al. Interactions of single mepiquat chloride application at different growth stages with climate,cultivar,and plant population for cotton yield[J]. Crop Science,2017,57:1713-1724.